KB142042

그릭조이 오너 셰프 조르바의 종횡무진 도전기 ✹

그리스 음식문화기행

그릭조이트 Greek Joy

modo24

그릭조이 오너 셰프 조르바의 종횡무진 도전기 ✳

그리스 음식문화기행
그릭조이 🇬🇷 Greek Joy

전경무 지음 /
모두출판협동조합(이사장 이재욱) **펴냄** /
초판 1쇄 인쇄 2020년 9월 14일 /
초판 1쇄 발행 2020년 9월 18일 /
사진 전경무 / **그림** 전경무 / **디자인** 오신환 / **ISBN** 979-11-89203-20-7(03980)
©전경무, 2020
modoobooks(모두북스) 등록일 2017년 3월 28일 / **등록번호** 제 2013-3호 /
주소 서울특별시 도봉구 덕릉로 54가길 25(창동 557-85, 우 01473) /
전화 02)2237-3316 / **팩스** 02)2237-3389 /
이메일 ssbooks@chol.com

*책값은 뒤표지에 씌어 있습니다.

그릭조이 오너 셰프 조르바의 종횡무진 도전기

그리스 음식문화기행
그릭조이트 Greek Joy

전 경 무 지음

협동조합출판사

등장인물

조르바

요르고스 카잔차키스

J

M

혜경에게

Tasty Odyssey

이스탄불

그리스

터키

아테네

미코노스 이카리아

산토리니

크레타

'조르바'의 여행기 출판을 축하하며

나의 한국인 친구 '조르바'의 그리스 음식 여행기 출판을 진심으로 축하합니다. 조르바는 니코스 카잔차키스의 소설 『그리스인 조르바』에 나오는 인물인데 난데없이 한국인 조르바는 또 뭐냐 하실 것 같아서 그를 먼저 소개해야겠습니다.

조르바는 제가 작년 9월 초에 한국에서 아랍에미리트의 아부다비까지 가는 비행기를 탔을 때 옆 좌석에서 만난 전경무 씨의 또 다른 이름입니다. 한국에서 오너 셰프로 오랫동안 그리스음식점을 운영하다보니 '조르바'라는 그리스 별명이 자연스럽게 생겼다고 합니다.

그가 지난해 가을 그리스 여행을 다녀와서 금년에 그리스 음식 여행기를 출판하는데 저와의 대화나 일들을 그 책에 게재해도 되는지 금년 2월에 정중하게 물었습니다. 그렇게 한다면 제가 오히려 감사하다고 했지요. 하지만 저의 출판 축하 글을 그 여행기 앞머리에 실어주면 허락하겠다고 하니까 흔쾌히 저의 제안을 받아들였습니다.

어떤 나라를 더 가깝게 느끼게 하는 데 그 나라의 맛있는 음식이 얼마나 기여를 할까요? 마치 어떤 사람에게 호감을 주는 이유가 굉장히 큰 것이 아니라 잠깐 보여준 따뜻한 미소 같은 작은 부분에서 비롯되는 것처럼 그 나라의 음식도 마찬가지로 기여를 할 거라고 믿습니다. 저는 한국에서 먼 나라인 그리스를 보다 가깝게 느끼게 하는 데 비현실적인 신화나 어려운 그리스 철학보다 '그리스 음식'이 그런 역할을 더욱 잘할 수 있다고 감히 말씀드립니다.

저의 한국인 친구 조르바는 캐나다에서 먼저 그리스 음식점을 운영했고 그 경험을 살려 한국에서 최초로 그리스 음식점을 열어 지금까지 20년 가까이 한국인들에게 그리스 음식과 문화를 꾸준히 소개해 왔습니다. 그리스인이 해야 할 일을 대신해 주었으니 얼마나 감사한 일인지요. 존경하는 에카테리니 시켈라로풀루 그리스 대통령님을 대신해서 개인적으로라도 그리스 문화훈장을 조르바의 가슴에 달아주고 싶은 심정입니다.

조르바는 저와 함께 보냈던 시간 동안 제가 했던 일이나 대화 내용이 자칫 음식 여행기의 전체적인 흐름을 방해하거나 한국 독자 분들에게 어떻게 보일지 몰라 조금은 고민을 한 것 같았습니다. 저 개인적으로는 조금도 부끄러운 일은 없다고 생각합니다. 저는 미혼의 건강한 그리스 남성입니다.

저는 28년간 선박을 설계하고 그 배로 거친 바다를 항해해 온 엔지니어이자 선원입니다. 겉으로는 늘 강한 '뱃사람'으로 보여도 저는 이유를 알 수 없는 '두려움'을 느끼며 살아왔습니다. 정신과 의사도 찾아가 보았지만 그들은 '광장공포증'이니 '범불안장애'니 하면서 처방을 했으나 해결책이 되지는 않았습니다. 니체나 베르그송의 철학에 심취하기도 했고 심지어 먼 친척 되는 니코스 카잔차키스의 글에서 위안을 찾기도 했습니다. 두려움이 없다던 그도 생의 마지막에는 하느님께 시간을 조금만 더 달라고 했다지요? 솔직히 그들이 저에게는 다 소용이 없었습니다.

조르바에게 "두렵습니까?"라고 물었던 것은 솔직히 큰 실례가 되는 걸 알지요. 처음 만난 사람에게 그런 질문을 하면 제 정신이 아니라 생각하고 더 이상 대화를 하지 않으려고 할 겁니다. 하지만 첫 만남에서 조르바는 그 질문에 기꺼이 답을 해줄 거라는 확신이 있었습니다. 직감이죠. 저의 문제를 완전히 해결하지는 못했지만 조르바와의 짧은 만남에서 그가 보여주었던 단순함, 솔직한 태도와 고백은 함께 '두려워하는 자'로서 저에게 작은 위로가 되었고 저의 문제를 새롭게 생각할 기회를 주었습니다. 이번 여행을 통해 조르바를 알게 되어 감사하게 생각합니다.

　조르바의 여행기 출판을 축하하는 글을 쓴다면서 너무 제 이야기를 많이 했군요. 조르바가 앞으로도 나의 조국 그리스의 음식문화를 한국인들에게 더 재미있게 알려 주기를 바라며 부디 이 책이 그리스를 홍보하는 데 커다란 보탬이 되기 바랍니다. 한국 독자 분들에게 신의 가호가 있기를 기원합니다.

　이 글은 제가 그리스어로 쓴 것을 아테네에 거주하는 저의 20년 지기 한국인 친구 '스피로스 한'이 한글로 번역해 주었고 그 번역문을 여행기 앞머리에 게재합니다. 한글 번역문 마지막에 저의 글이라는 걸 증명하고 친구 조르바와의 우정을 기념하고자 저의 서명을 남깁니다. 카잔차키스입니다.

2020. 4. 15.

크레타섬 이라클레온에서
요르고스 카잔차키스

차례

1. 요르고스 카잔차키스를 만나다

우연한 만남

이번 비행기 여행은 좀 힘들겠다. 비행기에 탑승해 기내 복도를 걸어가면서 둘러보니 내 좌석 주변에 한 백인 사내가 앉아 있다. 설마 내 옆일까 했는데 맞다. 장거리 여행을 할 때 내 옆에 누가 앉는가는 신경이 쓰이는 일이다. 자칫 피곤한 여행이 될 수도 있기 때문이다. 버스, 기차보다 상대적으로 긴 시간 동행하게 되는 비행기의 경우에는 더더욱 그렇다. 만에 하나 덩치 큰 외국 사내가 옆자리에 앉게 된다면 비행시간의 절반은 객실 뒤편에 서서 가는 것이 더 편할 수도 있다. 물론 이코노미 클래스의 경우이다.

내가 짐을 머리 위 짐칸에 넣고 앉았더니 고개로 인사를 한다. 반대머리에 콧수염을 길렀고 다행히 마른 체형이다. 내 나이와 비슷하고 몸에 맞는 슈트가 깔끔하다. 한국말로 인사를 건넨다.

"처음 뵙겠습니다,"

"아, 네, 처음 뵙겠습니다."

나는 당황했다. 한국말을 이렇게 잘하다니. 그와 엮이기 싫어서 안전띠만큼이나 입을 굳게 다물었다. 비행기가 활주로를 달리는 듯싶더니 곧 비행을 시작한다. 생각보다 짧은 시간에 이륙을 한다. 지금 시각은 한국 시간으로 밤 1시 7분이다. 저녁에 마신 커피 때문인지 정신은 맑다. 침을 삼키니 귀가 뻥하고 뚫린다. 여행에 대한 여러 가지 생각에 잠긴 채 얼마간의 시간

내 쪽으로 잔을 내미는 요르고스

이 지났다. 어느새 기내는 최소한의 조명들만 켜져 있고 승객들은 대부분 잠들어 있다. 옆의 사내는 잠을 안 자고 열심히 영화를 본다.

저녁에 햄버거를 먹었지만 시장기가 좀 돈다. 기내식은 어떤 음식일까? 기대를 해본다. 옆의 중년사내가 마른 체형이라 어깨나 허벅지가 닿지 않아 다행이다. 좁은 기내 복도로 스튜어디스들이 바삐 오간다. 경험상 이쯤 됐으면 전등이 켜지고 음료수와 주류 그리고 간단한 스낵이 나올 텐데 아무 소식이 없다. 비행기가 흔들린다. 그래도 승객들은 평온하게 잠을 잔다.

비행기와 조종사를 완전히 믿지 못하면 불안해서 잠을 잘 수 없을 거다. 수만 개 부속품은 하나도 문제가 없고 조종사는 절대로 실수를 안 할 거라는 믿음이다. 이런 믿음은 신앙의 경지다. 비행기가 다시 심하게 요동을 친다. 스튜어디스들이 복도를 오가며 안전벨트를 착용했는지 살핀다.

승객들은 여전히 기찻길 옆 아기처럼 잘도 잔다. 앞좌석에 부착된 모니터는 비행기가 지금 중국 광동성 위를 날고 있음을 보여준다. 여전히 비행기는 흔들린다. 난기류를 통과하는 중이라는 기내방송이 나왔다. 한국말은 너무나 잘 들린다. 신통하다.

기다리던 식사 서비스가 시작되었다. 맛있는 냄새가 코를 자극한다. 이 조그만 코가 제대로 기능을 발휘하지 못하면 사는 재미가 절반 이상은 날아갈 것이다. 난기류가 계속되면서 식사 서비스가 중단되었다. 비행기의 흔들림으로 하필 내 뒷좌석에서 멈춘다. 10분쯤 지나서 서비스가 다시 시작된다. 여승무원의 아랍어 악센트가 정겹고 예쁘다.

메뉴는 닭 가슴살 잡채와 쇠고기 라이스 두 가지다. 아랍권 항공사여서 그 쪽 음식을 먹어볼까 기대했는데 그게 아니다. 닭고기와 레드와인 한 잔을 주문했다. 옆의 사내도 식사와 와인을 받아서 먹기 시작한다. 와인을 마시면서 잔을 부딪치고 싶은지 내 쪽으로 잔을 내민다. 내 잔을 살짝 가져다 대고 와인을 한 모금 했다. 나는 잘 모르는 사람과 급격하게 친해지는 걸 좋아하지 않는다.

맛있는 한 끼였다. 아라비안나이트에 나올 법한 중동의 미녀가 서빙한 음식을 구름 위에서 먹다니. 그녀는 학업을 마친 후 이 항공사에 취직하느라 얼마나 준비를 했을까? 한 끼의 식사가 생각에 자극을 주고 그 생각이 꼬리에 꼬리를 물고 뻗어 나간다.

와인 한 잔과 만족한 식사 그리고 깊고 어두운 밤. 약간의 규칙적인 흔들림. 이보다 더 완벽한 수면제는 없으리라. 서서히 졸음이 온다. 이 기록을 그만두고 자야 한다. 이 나이에는 몸이 제대로 작동하려면 몸의 속삭임에 귀 기울여야 한다. 그리고 이 비행은 안전하고 완전하다고 믿어야 한다. 나는 믿는다. 고로 잔다.

기내식을 마친 후 한숨 잤다. 아주 짧은 잠이었다. 이코노미석에서 잠자기는 예술이다. 몸을 이리저리 비틀고 다리를 꼬았다가 벌리고 오므리고. 아직 기내는 어둡고 수면 모드이다. 옆의 사내도 얌전히 잠을 잔다. 너무나 고맙다. 나만 빼고 모두들 선수처럼 잔다. 도착하려면 아직 반이나 남았다. 아니, 벌써 절반은 왔다.

두렵습니까?

눈이 시렸다. 이렇게 깨어 있다가 나중에 졸리지 않을까 걱정이 되었다. 자리에서 일어나 비행기 뒤편으로 걸었다. 5시간 넘게 앉았다가 일어난 것이다. 화장실이 4개나 있고 그 옆에 작은 공간이 있는데 무슬림 식으로 기도하는 공간이 아닐까 추리를 해본다. 영어로 'prayer(기도)'라는 표시가 있다. 다시 잠을 청했다. 잠은 자려고 하면 도망간다. 그래도 다시 1시간 정도 눈만 붙였다가 뗐다.

커피를 한 잔 더 마셨다. 진하고 쌉싸름한 맛이 좋다. 옆 좌석의 사내가 화장실을 간다고 해서 아예 자리에서 일어나 복도에 섰다. 잠깐 서서 그가 돌아오기를 기다렸다. 사내가 돌아왔고 각자의 자리에 앉았다. 이번 여행 동안 니코스 카잔차키스의 『그리스인 조르바』를 다시 한 번 음미하기로 계획했었다. 책을 펼치고 읽기 시작하려는데 문제는 이때부터 시작이다. 이 친구가 잠이 완전히 깼는지 내게 말을 건다. 지금은 영어로 묻는다.

"무슨 책을 읽으세요?"

"그리스인 조르바를 읽고 있어요."

"와우, 대박! 제가 그 작가인 니코스 카잔차키스하고 먼 친척이 됩니다."

"그래요? 제가 영광입니다. 카잔차키스의 친척 되는 분과 와인을 마셨다니 말이죠."

"그런 의미에서 와인 한 잔 더 어때요? 어라, 술이 없군요."

그는 의자에 있는 버튼을 눌러 와인을 요청하려고 승무원을 부른다. 나는 이러한 행동을 별로 좋아하지 않는다. 한 마디로 '오버'하는 행위는 손가락뿐 아니라 발가락까지 오글거리게 한다.

서로의 이름도 알게 되었고 하는 일까지 얘기를 했다. 그는 '요르고스 카잔차키스'라고 한다. 그리스 선박회사 임원인데 선박제조 업무로 거제도에 연중 몇 달씩 체류한다고 한다. 지금은 그리스 본사에 들어가는 길이란다. 이 비행기의 기착지인 아부다비에 개인적인 일이 있어 하루 머문 후 그리스로 갈 거라고 했다. 한국과는 벌써 10년째 인연을 맺고 있다.

나는 '조르바'라고 소개했다. 한국에서 오너 셰프로 오랫동안 그리스음식점을 운영하다 보니 '조르바'라는 그리스 별명이 생겼다는 말을 했고 이에 요르고스가 크게 좋아한다. 한국인이 그리스 이름을 친근하게 쓰는 데다 자기가 흠모하는 니코스 카잔차키스의 소설 속 주인공의 이름이니까.

나는 이 여행이 '그리스 요리 20주년'을 기념하는 뜻깊은 여행이며 그리스의 특별한 장수음식을 찾고 싶다고 이야기했다. 그가 묻는다.

"혹시 이카리아 섬으로 갑니까?"

"네, 요르고스 씨도 그 섬에 대해 잘 아시는군요!"

이카리아 섬의 장수음식을 요르고스도 알고 있다는 사실에 목소리가 좀 커졌다.

"그럼요. 이카리아 섬은 세계 5대 장수촌 가운데 하나이지요, 그곳에 가시다니 정말 축하드립니다. 부디 특별한 장수음식을 알아내어 한국에 널리 알려주세요. 그런데 저는 아직 가보지 못했습니다. 시간이 되면 당신이 이카리아에 있을 때 저도 가봤으면 합니다."

이렇게 급하게 진전되는 관계는 불편하다. 그래서 요르고스가 이카리아까지 일부러 온다고 하는 것이 내심 부담스럽지만 우리는 어느새 서로 명함을 교환하고 있었다. 그리고 나의 왼쪽으로 나란히 앉아 있는 대학 후배 J와 M을 간단히 소개한 후 M의 연락처까지 주었다. M은 여행 중에도 회사에서 카톡으로 연락이 가끔 오니까 와이파이 도시락을 지참하고 있다. 카톡을 하는 요르고스와의 통화는 어디서나 가능하다.

요르고스는 아테네와 크레타 섬 두 곳에 집이 있는데 크레타 섬이 고향이고 아테네는 직장이 있는 곳이라고 한다. 여러 가지 가벼운 잡담이 오고 갔다. 결혼은 했는지, 누구랑 사는지, 애들은 몇 명인지 서로 묻지는 않았다. 여자들과 달리 남자들은 이런 내용에는 별 호기심을 보이지 않는다.

요르고스에게 이번 여행 일정을 말해 주었더니 아테네와 크레타에서 잠깐 와인이나 우조를 같이 마실 수 있겠냐고 묻는다. 특히 크레타에 오기 전에 꼭 연락을 해달라고 한다. 크레타가 자기가 태어난 고향이란다. 1시간 넘게 요르고스와 이야기를 나눈 셈이다. 내 앞 모니터는 현재 비행 상황을 입체적으로 보여준다. 위치, 고도, 남은 시간과 거리 등. 목적지까지 앞으로 두 시간도 남지 않았다.

두 번째 식사시간이 되었다. 이번에는 생선찜과 쌀밥을 선택했다. 밥 옆엔 시금치무침 비슷한 것이 반찬처럼 붙어 있다. 이 메뉴도 아랍 식은 아니다. 그럭저럭 맛있게 먹었다. 디저트로 달착지근한 요구르트가 나왔다. 승무원에게 커피 대신 레드와인을 주문했다. 옆에 앉은 요르고스도 물론 와인을 신청했다. 요르고스가 만약 덩치가 조금 더 컸더라면 이야기가 지금보다 매끄럽지 못했을 것이다. 남자끼리 몸이 밀착되거나 살짝이라도 닿는 것이 얼마나 힘든 일인지 여자들은 모를 것이다.

식사와 와인을 하면서 요르고스와 이야기를 더 나누게 된다. 요르고스는 상당히 오픈된 사람이다. 그리고 내가 그리스음식을 전문으로 하는 데다 자기가 흠모하는 니코스 카잔차키스의 소설책을 읽는 것이 무척 마음에 들었나 보다. 그가 또 물었다. 와인 잔을 부딪치면서 말이다. 그가 와인 잔을 밀 때는 뭔가 내밀한 무엇을 알고 싶을 때이다. 그 정도는 알 수 있다.

"조르바, 이번 여행 동안 크레타에 있는 니코스 카잔차키스 묘에는 가볼 거요?"

"요르고스, 난 한국에서 바쁘다고 아버지 묘에도 몇 년간 못 가본 사람이요. 카잔차키스는 내 조상은 아니지 않습니까?"

"하하. 그렇다면 제가 실례를 했군요. 제가 말씀드리고자 한 것은 그 묘에 써놓은 글 때문이지요. 지금 보시는 그 소설책에도 나올지 모릅니다."

"나는 아무 것도 원하지 않는다. 나는 두렵지 않다. 나는 자유인이다. 요르고스, 이 묘비명을 말하는 거요? 이 문장은 세계적으로 유명하지요. 소설을 읽지 않은 사람도 이건 알지요."

"조르바, 잘 아시네요. 당신도 두렵습니까?"

요르고스는 내 눈을 응시하면서 이 질문을 던졌다. 이게 무슨 질문인가? 도대체 내가 뭘 두려워하는지 알고 묻는 건가? 지금까지 이야기와는 전혀 다른 질문이다. 요르고스가 갑자기 니코스 카잔차키스의 분신처럼 행동한다.

즉답을 피한 채 그를 물끄러미 바라보았다. 나에게 "두려움에 떨지?"라고 물어보는 것 같다. 그런 것 같기도 하고 아닌 것 같기도 하다. 내가 말을 않고 웃기만 하니까 그는 시선을 앞으로 돌리고 눈을 감았다. 아무 말도 하지 않는다.

그는 시선을 앞으로 돌리고 눈을 감았다.

이제 1시간 남짓 더 가면 아부다비에 도착한다. 그곳에서 3시간 정도 있다가 우리 일행은 이스탄불로 간다. 밥을 먹으니 잠이 온다. 잘 때도 됐다. 자자. 기내 방송으로 아랍 말이 나온다. 굵직한 남자 목소리는 깔깔한 기계음 같다. 소리의 높낮이가 없다. 마침표 없는 글처럼 계속되는 말들이 마치 방언처럼 들린다. 그 다음엔 가느다란 여승무원의 영어방송 그 다음은 귀에 착착 감기는 한국어 방송. 이제 다 왔단다. 계속 신었던 슬리퍼 대신 구두로 갈아 신었다. 아라비안나이트에 나옴직한 그 여승무원이 헤드세트를 거두면서 얼굴 마주치는 손님에게 "할로우!" 하면서 미소를 짓는다. 미소를 넘어서 웃음소리마저 들린다.

침을 삼키는데 이륙할 때처럼 다시 귀가 뚫린다. 고도가 이젠 급속히 내려가나 보다. 다시 방언 같은 아랍 말로 기내방송이 나온다. 중금속처럼 무거운 분위기를 만든다. 아마도 기장인 듯하다. 이제 27마일 남았다. 13분만 허공에 떠 있으면 된다.

인천에서 4621마일을 날아왔다. 비행시간은 약 9시간이다. 견딜 만했고 즐길 만했다. 맛있는 두 끼 식사(혹시 아닌 승객도 있겠지만), 와인과 쌉쌀했던 커피 그리고 요르고스와의 만남. 이 여행이 앞으로 어떻게 전개될 것인지 궁금하다. 요르고스와는 공항에서 헤어졌다.

2. 아부다비 공항에서

아아, 드디어 착륙한다. 비행기는 "이제 다 왔어."라고 말하듯이 쿵 소리를 내며 바퀴를 활주로에 시원하게 내리친다. 엔진 소리가 들리고 활주로 굴러가는 진동이 느껴진다. 조그만 창밖에는 활주로의 조명이 줄지어 서 있다. 기장의 묵직한 아랍어 방송이 나온다. 예정보다 30분 일찍 도착했다고 한다. 사무장인 한국 여성의 방송이 마지막으로 나왔다. 아부다비에서 3시간 있다가 이스탄불로 향하게 된다. 공항에서 좀 쉬어야겠다.

그리스와 터키는 국경을 접하고 있는 가까운 나라이다. 그렇다고 그만큼 역사적으로 친한 사이는 아니다. 오히려 그 반대이다. 이웃 나라니까 좋든 싫든 간에 서로 다양한 면에서 영향을 주었던 관계여서 그리스 음식과 터키 음식은 여러모로 닮아 있다. 이번 여행일정에 '이스탄불'을 넣은 것은 그런 부분을 직접 체험하고 확인하기 위해서이다.

여행일정을 코스로 나오는 식사로 비유하겠다. 에피타이저는 이스탄불 일정이고 메인 디쉬와 디저트는 그리스 여행 일정이 된다. 그리스에서는 아테네에서 시작해서 네 개의 섬을 방문한다. 크레타, 산토리니, 미코노스 그리고 이카리아의 순서로 여행하고 다시 아테네로 돌아오는 일정이다.

특히 이번 여행의 핵심은 세계 5대 장수촌으로 유명한 이카리아 섬의 음식을 맛보고 그 레시피를 배워 오는 것이다. 그렇다고 이번 여행에서 음식만 먹고 오는 건 아니다. 지중해의 푸른 물결과 그리스인의 느긋한 마음도 담아오려고 한다.

여행일정

　아부다비 공항에서 이스탄불 행 비행기로 갈아타려면 공항 순환버스로
이동해야 한다. 버스 승강장으로 갔다. 벌써 줄이 제법 길다. 내 앞에 서 있
는 이슬람 특유의 복장을 한 여성이 한국인이냐고 묻는다. 온몸을 검은색
으로 감추고 얼굴만 보인다. 예쁘장한 젊은 여성이다.

　여기서 젊은 터키 여성한테 이런 질문을 받는다는 것이 꽤 의아스럽다.
어떻게 알았냐고 물으니까 그냥 그런 느낌이 들었다고 한다. 한국 드라마

를 즐겨본다고 한다. 나중에 이스탄불에 도착하면 맛집을 소개시켜 주겠
다고 해서 연락처를 교환했다. 이슬람 여성들이 좀 폐쇄적이고 수동적일
거라는 내 생각은 편견인가 보다. 꽤 활달하다.

온몸을 검은색으로 감추고 얼굴만 보인다. 예쁘장한 젊은 여성이다.

3. 갈라타 다리와 고등어 케밥

기내에서 눈을 잠깐
붙였던 것 같다. 곧 이
스탄불이다. 아부다비
에서 이스탄불까지 5
시간이 걸렸다. 공항은
생각했던 것보다 규모
가 크다. 환전소에서 큰
돈을 잔돈으로 바꾸었
다. 이스탄불 시내까지
는 공항버스를 타려고
한다. 어디서 타야 할지
눈에 쉽게 들어오지 않
는다.

공항 에스컬레이터
를 타고 한 층을 내려가
니 공항버스처럼 보이
는 큰 버스들이 몇 대
서 있다. 현금을 받지
않기 때문에 버스 토큰

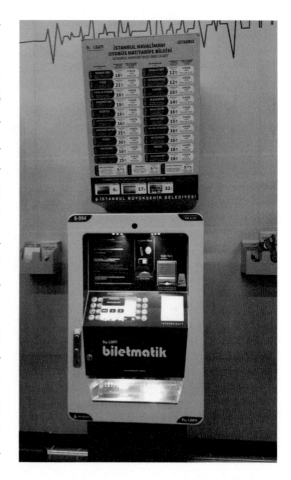

을 구매해야 한다. 버스 대기하는 곳에 버스 토큰 판매기가 설치되어 있다. 터키 초등학생도 간단하게 할 수 있는 일을 여러 번 실패했다. 전혀 모르는 언어로 적혀 있는 데다 뭐든 처음 할 때는 이렇다. 나중에야 영어로 전환해서 해결했다. 영어마저 못 하면 꼼짝 못 할 뻔했다.

공항버스를 타고 이스탄불 교외에서 시내로 들어오는 길이 상상했던 장면이 아니어서 좀 실망했다. 이슬람권 나라에 대해 아라비안나이트 같은 환상을 가진 것일까? 주택들이 좁은 지역에 다닥다닥 붙어 있다. 뾰족한 연필을 세운 것처럼 모스크가 서 있는 모습이

#이스탄불 #음식여행 #그릭조이

없었다면 터키를 못 느낄 뻔했다.

　이윽고 공항버스는 이스탄불에서 가장 번화하다는 '탁심'에 정차했다. 짐을 끌고 예약한 숙소를 찾아가야 한다. 한 번도 와보지 않았던 곳에서 주소만 가지고 찾아가는 것이 쉽지는 않다. 택시를 탈까 했지만 걸어서 30

분 정도 걸린다고 해서 시내 구경도 할 겸 걸어가기로 했다. 물론 구글 지도를 보고 갔다. 하지만 길을 잘못 들어서 1시간 넘게 돌아다녔다. 덕분에 관광지가 아닌 이스탄불 사람들의 평범한 일상을 보게 되었다.

번화한 큰 길과는 달리 뒷골목은 우리네 평범한 일상과 다름없다. 모퉁이 스낵 가게에서는 한 여인이 케밥을 조용히 먹고 있고 인도를 점령한 카페 파티오에는 빛바랜 옷을 입은, 수염 기른 사내들이 차를 마시며 담배 연기를 연신 내뿜고 있다. 그들이 군복 같은 유니폼으로 차려 입은 우리 일행을 빤히 쳐다본다. 이들에게 바쁜 구석은 찾아볼 수 없다. 그들의 동작은 슬로우 비디오처럼 느리다.

도심 뒷거리에는 규모가 작은 다양한 상점들이 모여 있다. 낯설고 흥미롭다. 낯선 도시는 일상의 무게를 덜어주고 지금 나는 새로운 풍경 속으로 둔탁한 짐을 끌고 가볍게 걸어간다.

예약해둔 숙소에 도착했다. 생각보다 깨끗하다. 가격 대비 호텔이나 모텔보다 괜찮다. 화장실 겸 샤워실 하나에 원룸이지만 침대가 셋이나 있다. 후배들의 배려로 제일 큰 침대를 차지할 수 있었다.

숙소에 큰 짐을 풀고 작은 배낭에 물과 간단한 물건만 챙겨서 밖으로 나갔다. 이스탄불을 바로 느끼고 싶었다. 이스탄불 도착 당일은 특별한 일정을 잡지 않았다. 짐을 풀고 숙소를 나와 발길 닿는 대로 구경하고 맛있는 저녁을 먹기로 했다.

숙소 맞은편에는 카페가 있다. 터키 청년들이 차를 마시며 담소하는 모습이 보인다. 터키인들이 커피보다 차를 더 많이 마시는 게 흥미롭다. 숙소에서 가까운 '갈라타' 다리 쪽으로 걸어갔다. 큰 길을 따라 걸으며 주변을 둘러본다. 길가에는 다양한 상점들이 있고 IT 관련 사무실도 보인다. 그 안에서 직원들이 서너 명 앉아 컴퓨터 모니터를 열심히 들여다보고 있다.

평일 저녁시간에 갈라타 다리로 가는 길은 행인들로 꽉 차 있다. 도대체

이 시간에 왜 이리 혼잡할까 궁금했다. 다리를 따라서 낚시꾼들이 다리 밑으로 낚싯줄을 길게 내린 채 물고기가 물기를 기다린다. 어린 소년들이나 나이 지긋한 남자들이다. 낚시도구는 무척 간소하다. 과연 저 도구로 고기를 잡을 수 있는지 모르겠다. 물고기 바구니들은 작은 물고기들이 몇 마리 누워 있을 뿐 그나마 텅 빈 바구니도 많다. 저녁 먹거리로는 턱없이 부족해 보인다.

후배 J가 다리를 따라 걸어오는 여인들에게 즉석 인터뷰를 한다. 한국을 잘 아는지 물어본다. 나이 어린 소녀가 밝게 웃으며 터키 악센트로 우리도 모르는 한국의 K-pop 가수들 이름을 척척 댄다. 그리고 한국에 가보고 싶

다고 한다. K-pop의 인기와 위력을 실감한다.

가족으로 보이는 사람들이 넓은 인도를 따라 산책을 하고 있다. 그들의 표정은 여유롭고 편안하다. 잘 산다는 말이 돈이 많다는 것과 동의어로도 해석될 수 있는 나라에 사는 사람에겐 이들의 여유로움이 참으로 신선하게 다가온다.

여인들은 대개 히잡을 착용했는데 어떤 여성은 서구의 최신 유행을 따르고 있다. 걷다보니 다리 중간쯤에 밑으로 내려가는 계단이 있다. 계단을 따라 내려가 보았다. 다리 밑으로 식당가가 형성되어 있다. 터키의 명물 고등어 케밥을 먹어보기로 했다.

식당가를 들어서니 식당마다 지나가기 힘들 정도로 호객을 한다. 식당들은 오픈되어 있어서 주방을 제외한 공간이 훤히 보인다. 인상이 좋아 보

이는 호객꾼의 식당으로 들어갔다. 고등어 케밥과 맥주 두 병을 시키고 보스포러스 해협이 보이는 좌석에 앉았다. 저녁이 막 시작되려 한다.

고등어 케밥은 내 입맛엔 좀 비리다. 케밥이라고 해서 납작한 피타 빵(pita)에 고등어를 말아주는 줄 알았다. 그런데 평범한 빵 사이에 고등어 구운 것과 상추와 양파를 넣어준다. 레몬즙은 뿌렸지만 비린내가 가시지 않았다. 이스탄불에 갓 도착해서 약간은 들떠 있는 상태라지만 나의 혀는 이 첫 번째 터키 식사에 많은 점수를 주지 못하겠다.

케밥을 짜게 먹어서인지 맥주가 유난히 시원하고 입에 착착 감긴다. 눈앞에는 보스포러스 해협의 파도가 넘실댄다. 시간을 보니 오후 5시가 막 지나간다. 순간 나도 모르게 팽팽하게 신경 줄이 당겨진다. 한국에서라면 평소에 나는 이 시간에 저녁 영업을 시작한다. 아, 내가 여행 중이지.

이 시간에 꽉 찬 식당은 별로 없다. 손님들은 편안하고 여유롭게 먹고 이야기를 나누고 있고 식당 호객꾼들은 끊임없이 끈적이처럼 호객을 한다. 세상 어디나 장사는 만만찮다. 식당을 나와 다리 밑으로 뻗은 길을 따라 걸었다. 저녁 퇴근시간이 되어서 그런지 갈라타 다리 위에는 사람들이 더 많아졌다. 우리도 터키인이 되어 그들과 섞여 걸어간다.

바다 버스(Sea bus) 정류장이 있는 선착장에는 많은 사람들이 모여 있다. 출렁이는 푸른 파도, 먹이를 노리며 바다 표면을 찍었다가 올라가는 바닷새들 그리고 눈에 보이진 않지만 비릿한 바다냄새가 공기 중에 떠다닌다. 노을에 물든 바다 풍경이 따뜻하고 아름답다. 이런 풍경과 함께 매일 이 배를 탄다면 누구나 시인이 될 수 있겠다.

다양한 사람들이 선착장에서 배를 기다리고 있다. 젊은 여인과 청년이

바싹 다가앉아 서로를 쳐다보며 무언가 이야기를 나누고 있다. 그 옆에는 아버지와 어린 아들이 무심한 듯 아무 말 없이 배를 기다린다.

부두는 배를 기다리는 사람들로 북적거린다. 사람이 모인 곳은 언제나

먹거리가 있는 법이다. 부두 한가운데서 옥수수를 그릴에 구워 판다. 이스 탄불에서는 주식이 옥수수인가 생각이 들 정도로 길거리에서 옥수수를 많이 팔고 또 먹는다.

옥수수는 사실 지중해 고유의 음식은 아니다. 콜럼버스가 쿠바에서 옥 수수에 대하여 다음과 같은 기록을 남겼다.

"아주 맛있고, 삶거나 굽거나 가루로 빻아 먹는다."

유럽인들이 아메리카 대륙으로 진출하면서 그곳 음식을 가져온 것이다. 이탈리아의 베네치아 사람들이 옥수수를 중동지역에 전해 주었고 스페인

사람들은 지중해 연안에 옥수수를 보급했다. 유럽의 대기근 시절에 감자와 함께 옥수수는 큰 역할을 했다.

이윽고 배가 들어왔다. 줄지어 선 사람들이 배 안으로 차례차례 들어간다. 바다 풍경을 보려고 2층 갑판으로 가서 자리를 잡았다. 맞은편에 가족인 듯싶은 여자 셋이 앉아 있다. 약간 호기심어린 눈으로 우리 일행을 쳐다보더니 곧 자기들끼리 대화한다. J가 그들에게 이 배가 어디로 가는지, 바다 건너 보이는 큰 건물이 무엇인지 물었으나 그들과 영어로는 말이 통하지 않았다.

이 배의 정확한 목적지도 모른 채 승선을 했다. 아직 이스탄불을 잘 알지 못한다. 우리의 삶도 그렇지 않은가. 어디서 와서 어디로 가는지도 모르고 잘도 산다. 바닷새는 여전히 저무는 해를 배경으로 바다 위를 날고 있다.

내 앞에는 젊은 연인들이 꼭 껴안은 채 붙어 있다. 서로 쳐다보는 눈빛은 더없이 그윽하고 그들의 속삭임은 한없이 부드럽다. 이 순간 터키어는 세상에서 가장 감미롭고 향기로운 언어가 된다.

결국 도착지를 모른 채 우리는 배에서 내렸다. 배는 무척 많은 사람들을 토해낸다. 나중에 알고 보니 이곳은 이스탄불의 아시아 지구에 있는 '카다쾨이'라고 한다. 사람들이 바람을 쐬러 많이들 나왔다. 우리가 한강이나 해운대에 가볍게 산책 나온 것처럼.

부두 주변에는 우리나라의 포장마차 같이 간단하게 먹거나 마실 곳이 군데군데 있었다. 대체로 차를 마시거나 코카콜라를 마신다. 이런 바닷가라면 간단한 안주에 맥주 한 잔 하는 것이 보통인데 술 마시는 사람이 전혀 안 보인다. 좀 이상하다. 편의점에서도 술을 팔지 않을 거라는 생각이 자연스레 들었다. 이날 숙소로 들어가면서 확인을 해 보았다. 안 판다.

해가 바다 속으로 천천히 들어가고 있다. 부둣가 사람들이 저무는 해와 붉은 노을을 바라보며 앉아 있다. 사람들은 어둠이 드리워지거나 가실 때

특별한 정서를 느끼나 보다. 모두 조용히 붉은 빛이 사라지는 장면을 경건하게 응시하고 있다. 서울에서 나는 해지는 광경을 거의 보지 못했다. 서울의 해는 아무도 몰래 혼자 떠난다.

우리도 부둣가 간이식당에서 간단히 옥수수 요리와 코카콜라, 차를 주문했다. 손님들 식탁 위에는 맥주 한 캔 안 보인다. 물, 차, 코카콜라와 간단한 스낵들뿐이다. 차 한 잔 하면서도 오랜 시간 이야기를 나눈다. 담배에 대해선 아직 규제가 없어서 그런지 모든 식탁 위에는 재떨이가 놓여 있다. 실내에서 흡연도 가능하다.

밖은 완전히 어두워졌다. 숙소로 돌아가고 있다. 배는 밤바다를 힘차게 가르며 하얀 물보라를 일으킨다. 푸르게 출렁이던 바닷물은 먹물처럼 시커멓다. 바닷새들도 이젠 집으로 돌아갔는지 보이지 않는다. 배 안에는 갈 때보다 현저하게 승객이 줄었다. 하루 일과에 지친 듯싶은 평범한 직장인들, 대학생으로 보이는 청년들이 자리에 앉아 담소를 나누거나 음악을 듣는다. 우리 지하철에서 보는 삶의 모습과 별반 다르지 않다.

배는 저녁에 떠났던 부두 맞은편에 도착했다. 이스탄불에 도착한 지 대여섯 시간밖에 안 됐는데 벌써 이곳이 익숙하다. 처음 온 것 같지 않고 외국이란 느낌이 별로 들지 않는다. 이렇게 말하는 건, "연인과의 첫 키스가 어떠셨나요?"라고 물었을 때 "담담했어요."라고 무표정하게 말하는 소녀와 같다. 비싼 비행기 표를 사고 외국까지 와서 이런 느낌을 받으면 안 되는데 말이다.

부두 앞 포장마차에서 고등어 케밥을 만들고 있다. 고등어 굽는 연기와 냄새가 사방에 퍼진다. 포장마차 주위로 사람들이 몰려든다. 나도 요리가 업이라 직업적으로 관찰을 했다. 가까이 가보니 고등어를 초벌구이 해놓았다가 주문이 들어오면 이것들을 그릴에 제대로 굽는다.

이때 연기와 식욕을 자극하는 냄새가 본격적으로 퍼져 나간다. 미끼를 물려는 물고기처럼 사람들은 꾸역꾸역 모여든다. 뭉게구름처럼 피어오르는 연기의 비결은 바로 기름 한두 방울이다. 생선 위에 올리브기름을 브러시로 발라줄 때 불로 떨어지는 또는 슬쩍 떨어뜨리는 기름의 연출이다.

고등어 양념이 잔뜩 묻은 그릴 위에 피타 빵도 함께 굽는다. 고등어 케밥을 제대로 하는 것 같다. 한 사람이 요리를 하고 다른 한 사람은 돈을 받으며 둘이 척척 죽이 맞아 장사를 잘한다. 갈라타 다리 밑의 근사한 식당들보다 사람이 훨씬 붐빈다. 먹고 싶었지만 다음 기회로 돌리고 근처 식당에서 저녁식사를 하기로 했다.

마침 포장마차에서 가까운 곳에 손님이 가득한 식당을 발견하고 그곳으로 갔다. 겉은 소박한 시골 식당처럼 보이는데 안에는 빈 테이블이 없다. 잠시 기다리다 자리에 앉았다. 바쁘고 장사가 잘 돼서 그런지 손님 보기를 돌처럼 한다.

터키 음식점에서 주문하는 방식은 우리와 좀 다르다. 투명 쇼 케이스 냉

장고에 진열된 요리들을 미리 보고 결정한 다음, 웨이터가 테이블에 오면 그걸 주문한다. 요리 이름을 몰라서 주문이 쉽지 않았다. 몇 번을 설명하고 나서야 주문이 완성되었다. 네 가지 요리를 주문하고 터키 맥주를 시켰다. 터키 맥주는 생각보다 부드럽고 향도 좋다.

칼라마리(오징어 튀김), 매운 요거트 소스, 생선구이 두 가지를 주문했다. 그리스에서도 오징어튀김을 '칼라마리 Kalamari'라고 한다. '칼라마리'는 오징어라는 그리스 말이다. 요리명이 같거나 비슷한 것은 터키의 전신인 오스만제국이 그리스를 400년 가까이 지배했고 터키의 서부지역에 비잔틴제국 시절 그리스인들이 많이 살아서 그 영향을 받았기 때문이다. 오늘 저녁에 주문한 터키 음식 가운데 그리스와 공통되는 메뉴가 절반이나 된다. 음식은 사람들의 이동으로 섞이고 적응하여 생존하거나 소멸한다.

이번에 그리스 음식기행을 시작하기 전에 터키의 핵심 이스탄불을 먼저 여행한 이유도 두 나라의 음식을 비교해 보고 싶어서이다. 주문했던 매운 요거트 소스는 그리스에도 있다. 걸쭉한 요거트에 마늘과 레몬즙, 케이년 페퍼, 매운 고추 간 것이 들어 있다.

요거트가 발효음식이어서 김치처럼 묘한 중독성이 있다. 새콤하면서 고소하고 매콤하다. 아무거나 찍어 먹어도 좋다. 덕분에 맥주 맛은 더 시원하게 당겼다. 소스에 대한 메모를 해두었다. 음식의 맛과 향기가 터키를 느끼게 한다. 커다란 뇌보다 짧은 세치 혀가 더 민감한가 보다. 혀가 일러준다.

'여긴 한국이 아니고 터키요.'

식당을 나와서 숙소로 향한다. 밤 10시가 넘었다. 큰길에는 아직도 차와 사람들이 다니지만 작은 길로 들어서니 행인이 보이질 않는다. 혼자 걷기에는 부담이 될 뻔했다. 후배 J와 M이 함께 있어 무척 다행이다. 낮에 숙소에서 걸어왔던 길인데 처음 온 길처럼 낯설다.

지름길로 가느라 좁은 언덕길을 걷고 또 걸었다. 숙소에 다가오면서 아기자기한 상점들이 모여 있는 예쁜 길이 나왔다. 공예품을 파는 가게와 음식점들은 아직도 열려 있다. 이곳에는 외국 관광객들이 많이 보인다.

식당에서 40분 정도 걸어서 숙소에 들어왔다. 이제 내 몸이 온전히 쉴 시간이다. 생각해보니 비행기나 버스에서 잠을 거의 자질 못하고 이틀을 보낸 것 같다. 졸음이 와야 하는데 잠이 쉽게 오지 않는다. 꽤 뒤척이다가 잠이 들었다.

4. 하기야 소피아 성당 vs 블루 모스크

테이스티 오디세이(Tasty Odyssey)

모닝커피를 마시고 있는데 J가 이제 나갈 시간이라고 한다. 이번 여행의 프레임은 내가 짰지만 J가 항공편과 숙소 예약을 했고 그 외 자세한 일정을 잡았다. 그리고 J의 위트와 재치로 이 여행을 'Tasty Odyssey'라고 명명했다.

후배 M도 멋진 '맛 기행'이 되길 바라면서, 우리 일행의 셔츠, 팬츠, 재킷 일체와 모자, 배낭까지 최고급 스포츠웨어로 공급했다. 특별한 마크를 부착한 재킷과 모자를 착용하고 다니면 현지인들은 한국에서 온 군인으로

테이스티 오디세이(Tasty Odyssey)

착각하고 거수경례를 하는 일도 있었다. 이들의 전폭적인 지지와 후원으로 Tasty Odyssey는 활기차고 매끄럽게 무엇보다 즐겁게 진행되었다.

남자들의 외출 준비는 겉옷을 입는 순간 끝이다. 물론 간단하게 그 전에 샤워도 하지만 물을 바르고 수건으로 긴급 마무리한다. 순식간에 나갈 준비를 마치고 숙소의 좁은 계단을 빠져 나왔다. 밤에 보고 호흡했던 주변 풍경과 공기가 오늘 아침은 확실히 다르게 다가온다. 숙소 맞은편 카페에는 이른 시간인데도 벌써 서너 명의 손님이 차를 마시고 있다.

터키의 아침식사는 어떨지 궁금하다. 숙소에서 골목길을 조금 내려오면 큰길가에 간단한 식사를 할 수 있는 카페가 있고 바로 옆에는 케밥 집이 있다. 케밥은 이미 한국에도 체인점이 있을 정도로 흔해서 카페에서 터키식 아침밥을 먹기로 한다. 젊은 부부가 운영하고 있는데 정식 요리라고는 할 수 없다.

터키 식 아침식사를 주문했고 터키 국민빵, 삶은 달걀, 진주햄 같은 붉은 색소가 많이 들어간 소시지, 토마토 슬라이스, 올리브가 약간 나왔다. 그리고 차와 코카콜라를 주문했다. 현지인들은 아마 이 카페에서 아침을 먹지 않을 것이다. 이 카페 위층에 있는 호텔 숙박객들이 주로 이용할 것 같다.

카페 위층에 있는 작은 호텔도 이 부부가 운영한다. 건물주냐고 물었더니 그건 아니라고 손사래를 친다. 24시간 이 젊은 부부가 교대로 카페와 호텔을 운영한다고 했다. 그것도 휴일 없이 매일 한다. 고달프고 고단한 삶이다.

터키인들의 푸짐한 아침을 기대했는데 먹고 나서 찾아오는 허기가 당황스럽다. 출근시간이라 도로는 자동차로 꽉 차 있다. 어제는 보지 못했던 도로 상황이 눈에 들어온다. 보수공사를 하느라 길은 지저분하게 흙과 자재들이 널려 있고 무척 소란스럽다.

오늘은 블루 모스크와 소피아 성당에 간다. 이스탄불의 시내 교통수단 가운데 눈에 띄는 것은 '트램'이다. 이스탄불에 있는 동안 줄곧 이용했다. 아침식사를 했던 카페 맞은편에 트램 정거장이 있었다. 승차권을 미리 구입해서 편하게 이용할 수 있었다.

터키 트램 안의 좌석 배치는 두 명이 서로 가깝게 마주 보는 구조로 되어 있다. 우리나라의 대중교통 좌석 배치는 상대의 뒤통수를 바라보거나 마주 보더라도 거리가 제법 되니까 시선에 부담이 없다. 그러나 터키 트램에서는 모르는 사람과 자칫 무릎이 닿을 정도로 가까이 마주 보게 된다.

내 옆에는 노란 머리의 여인이 앉아 있고 맞은편에는 사내 둘이 앉았는데 나를 자꾸 흘끔거린다. 트레킹 복장에 차양이 넓은 모자를 쓴 동양인이 궁금한가 보다. 나는 창밖으로 시선을 돌린다. 오래된 건물들, 조그만 상가들, 그리고 그 속에서 일하는 사람들이 빠르게 다가왔다가 스치듯 지나간다. 찰나의 만남과 영원한 이별을 이 작은 공간에서 수없이 반복한다.

짧지만 어색했던 트램 여행이 드디어 끝났다. 술탄마흐메트역에서 내렸다. 트램 정류장에서 블루 모스크를 가려면 여행자들의 쉼터라는 술탄마흐메트공원을 지나친다. 이 공원 일대에는 하기야 소피아 성당, 블루 모스크, 히포드롬 광장 같이 이스탄불을 대표하는 명소들이 밀집해 있다. 그래서 그런지 아침인데도 벌써 많은 사람들이 벤치에 삼삼오오 앉아 있다. 외국인보다는 터키인들이 더 많아 보인다. 마치 경복궁에 외국 여행자보다는 한국인이 더 많듯이. 가족 단위로 오거나 연인들끼리 또는 간혹 혼자 온 사람도 보인다. 공원에는 어제 부두에서처럼 옥수수와 시미트 빵과 음료수를 진열해 놓은 수레들이 서너 개 보이고 사람들이 그 앞에 줄을 서 있다.

이스탄불 어디서나 흔히 볼 수 있는 옥수수는 콜럼버스가 신세계를 발견한 후에 구세계인 유럽과 대대적인 식재료의 교환이 일어났을 때 이곳에 들어왔다. 유럽인들이 먹던 채소나 가축이 아메리카 대륙으로, 인디언들이 먹고 키우던 채소, 가축이 유럽으로 유입되었다. 그때 들어온 식품 가운데 하나가 옥수수다.

청명한 날씨가 기분 좋은 하루를 에고한다. 9월초의 초목은 한없이 싱그럽고 쏟아지는 햇살은 더없이 눈부시다. 초록의 편안함과 오렌지 빛의 설렘이 가득한 공원에서 사람들은 행복하고 느긋한 시간을 보내고 있다. 그 누구보다 평안을 누리는 개 한 마리가 저쪽에서 죽은 듯 자고 있다. 이 공원뿐 아니라 이스탄불 시내 곳곳에는 세상 근심 없는 득도한 개들이 숙면을 취하고 있다. 마음의 평안을 얻기 위해 이 공원에 매일 출근해서 시미트 빵을 뜯고 차이 한 잔 홀짝거리며 이 개들을 보는 것도 괜찮겠다.

블루 모스크로 가는 길

오늘의 주요 일정인 소피아 성당을 보기 전에 블루 모스크를 먼저 보러 갔다. 이 두 명소는 경쟁하듯이 서로 마주보고 있다. 블루 모스크 옆에는 술탄들과 왕비들의 무덤이 있는 건물이 있다. 그곳에 먼저 들렀다. 크고 작은 관들이 가지런히 놓여 있다. 아무리 권력이 크고 화려해도 이 세상 삶의 종착역은 이곳이라는 사실을 말없이 들려준다.

이곳에서 블루 모스코로 가는 길에는 커다란 게시판이 몇 개 세워져 있다. 여기에 무슬림이 이 세상을 변화시킨 크고 작은 것들을 적어 놓았다. 커피, 비누, 외과수술, 건축 등 자세하게 써놓았다. 그리고 예수님은 단지 성인들 가운데 한 '사람'이라는 이야기는 별도의 게시판에 적어 놓았다.

기독교 문명권을 향해 던지는 도전적인 메시지이다. 지금이야 여러 면에서 기독교권 나라에 밀리고 있지만 과거에 이슬람이 세계에 미친 영향을 알아달라는 외침으로 들린다.

이제 블루 모스크에 도착했다. 대단한 규모의 건축물이다. 소피아 성당을 형님 아우처럼 마주보고 있다. 오스만제국의 자존심을 살리려고 소피아성당 맞은편에 더 화려하고 웅장하게 세웠다고 한다. 크기는 소피아 성당보다 약간 작다.

박물관으로 불리는 소피아 성당

블루 모스크에서 나와 소피아 성당으로 향했다. 소피아 성당은 537년 동로마제국의 유스티니아누스 황제가 세운 비잔틴 건축의 대표적인 작품이다. 여길 보려는 사람들의 줄이 서너 개나 되는 데다 각각의 줄이 길기도 하다. 적어도 30분은 줄을 서서 기다려야 표를 사고 입장을 할 것 같다. 실제로 그 이상의 시간이 걸렸다.

소피아 성당에 들어가면 엄청난 규모에 우선 압도당하게 된다. 지금은 소피아 성당이 아니라 박물관으로 불린다. 처음에는 로마제국이 천년을 소유하다가 오스만제국이 다시 400여 년을, 이제는 유네스코 문화유산으로 지정되어 세계적인 명소가 되었다.

성당을 나와서 주변에 있는 맛집을 검색하고 방향을 잡았다. 점심을 먹으러 술탄마흐메트역 방향으로 걸어간다. 이스탄불에 도착한 지 하루만인데도 거리와 사람들이 익숙하고 편안하다. 이상한 일이다. 머나먼 나라, 전혀 모르는 언어, 낯선 풍경들 인데도.

길을 걸으며 거리를 유심히 바라본다. 이젠 한국에서도 볼 수 있는 터키 아이스크림 가게가 눈에 뛴다. 끈적끈적한 아이스크림을 손님에게 주는 척하다가 도로 가져가는 손 기술을 여기서도 보게 된다. 식당 쇼 윈도우를 통해 화려한 색의 터키 음식들이 보인다. 음식에 붉은색이 많이 돈다. 이들도 그리스인들처럼 토마토를 식재료로 많이 사용한다.

터키나 그리스에서 즐겨먹는 토마토도 옥수수처럼 대표적인 신세계 음식이었다. 그런데 이 토마토가 구세계에 소개된 뒤에도 오랫동안 사람들은 먹지 못하고 관상용으로 쳐다보기만 했다. 19세기 가까이 되어서야 먹게 되었는데, 먹으면 죽는다는 소문 때문이었다. 유럽에서 토마토를 누가 최초로 먹었을까?

맥도날드 매장 앞에 터키인들이 줄을 서 있는 모습이 흥미롭다. 보는 장면들마다 재미가 있어서 걸음 옮기기가 힘들다. 앞서가는 후배들이 어서 오라고 성화다.

터키 음식은 어떤가.

찾아가는 식당은 우리가 걷던 큰길에서 왼쪽으로 꺾어서 다시 작은 길로 들어간다. 이윽고 식당을 찾아 안으로 들어갔다. 1층에 주방과 음식 진열대가 있다. 터키 음식점은 진열해놓은 음식을 손님이 본 후에 주문하게 한다. 주방에서는 여러 명이 바쁘게 요리를 하고 있었고, 특히 그릴에서 고기를 굽는 조리사는 얼굴이 벌겋게 익었다.

2층으로 올라가니 손님이 다 찼다. 3층에 간신히 자리를 잡고 앉았다.

주문한 음식 중에 토마토 스프가 가장 먼저 나왔다.

터키식 피자인 '피데'이다. 이걸 보고 이탈리안들이 피자를 만든게 아닐까?

다음은 미트볼인 '쾨히테'이다. 그리스에서는 '케프테'라고 한다. '쾨히테'는 '작은 가루로 부순다.'는 터키말이다. 미트볼은 고기를 잘게 '부순' 즉 다진 고기(ground meat)로 만들기 때문이리라.

식당을 나와 이번에는 톱카프 궁전을 보러가기 위해 술탄마흐메트역 방향으로 걸었다. 한참 걷다 보니 앞서 가던 J와 M이 안 보였다. 내가 한눈팔고 있는 사이에 그들이 사라진 것이다. 빠른 걸음으로 뒤쫓아 갔지만 어디에도 그들은 없었다. 난감해서 다시 왔던 길로 한참 가니까 M이 저쪽 길에서 내게 손을 흔든다. 둘은 길을 걷다가 돈을 바꾸러 환전소로 들어갔고 나는 환전소를 지나쳐 그냥 앞으로 간 것이다. 어디서나 나는 늘 기웃거린다. 정확히 말하면 내 시선을 끄는 것이 세상에는 너무 많다. 똑바로 난 길에서도 나는 늘 직진이 힘들다.

톱카프 궁전은 소피아 성당에서 가깝다. 궁전에 들어가니까 넓은 공원 같은 앞마당이 나온다. 이 앞마당은 황제의 친위부대로 유명한 '예니체리'를 훈련시킨 장소였다고 한다. 그래서 그런지 앞마당에 말을 탄 기마병 복장의 군인이 보인다. 그들이 '예니체리'의 슬픈 역사를 알고 있을까?

오스만제국이 기독교 국가를 정복하면 그곳의 어린 소년들을 강제로 데리고 가서 이슬람으로 개종시키고 오스만제국의 시민으로 완전히 세뇌시켰다. 그 다음에는 완벽한 군인으로 키워서 기독교 국가를 공격할 때 이들을 최전방에 세워 진격하게 만들었다. 이들이 '예니체리'이고 이들은 400여 년 동안 오스만제국의 용병으로 이용을 당하다가 1826년 대부분 학살되었다. 그 학살된 장소가 술탄마흐메트역 근처의 광장이다.

톱카프 궁전의 앞마당을 지나 오른쪽에는 궁전의 주방이 있다. 엄청나게 큰 규모이다. 하긴 이 궁전에 상주 인력이 많을 때는 4~6천 명이나 되었다고 하니 놀랍기만 하다. 주방에 들어가 보았다. 주로 황제의 식탁에 놓이는 접시나 도구들이다. 너무 화려해서 음식이 기가 죽겠다. 식탁 위의 그릇의 크기나 숫자로 볼 때 황제는 늘 과식을 해서 비만으로 성인병에 걸리지 않았을까 싶다.

황제가 외국사절을 접견하고 평소 집무를 보았던 건물의 내부를 구경하면서 권력의 힘이 대단하다는 것을 새삼 느끼게 된다. 화려함과 사치스러움의 극치다. 황제의 여인들이 살았던 곳을 '하렘'이라고 하는데 다른 건물들과 떨어져 있었다. 들어가 보고 싶었지만 시간이 늦어 발길을 돌려야했다. 이 여인들은 대부분 발칸반도 출신의 그리스와 슬라브족 여성들이다. 노예로 끌려왔던 여인들이니 이들의 한은 얼마나 깊었으며 그들의 가족들은 또 얼마나 피눈물을 흘렸겠는가?

톱카프 궁전을 나왔다. 많이 걸어서 그런지 배가 몹시 고프다. 이스탄불에서 좀 오래된 식당을 가고 싶었다. 우리나라로 치면 명동칼국수나 이문설렁탕처럼 오랫동안 맛을 이어오는 그런 식당 말이다. 터키 전통음식으로 유명한 식당을 검색해서 정했다. 궁전을 나와 트램을 타면 얼마 안 되는 거리에 있다. 하지만 그 정도 거리는 충분히 걸을 만하다.

그 식당은 톱카프 궁전과 우리 숙소의 중간쯤 되는 곳이기 때문에 여기서 30분쯤 걸어서 식사를 하고 또 그 정도만 걸어서 갈라타 다리를 넘으면 숙소로 갈 수 있다. 갈라타 다리를 중심으로 동쪽은 아스탄불 구시가지이고 서쪽은 신시가지이다. 우리로 치면 강북지역과 강남지역으로 볼 수 있다. 역시 두 발로 걷는 여행을 하니까 생생하게 현장을 느낄 수 있고 보이는 것이 더 많다.

퇴근시간이 다 됐는지 좁은 도로는 자동차들로 빽빽하다. 트램도 쉴 새 없이 다니는데 그 속에 사람들이 꽉 차 있다. 길거리도 오가는 사람들로 가득하다. 그 어느 때보다 도시가 역동적이고 활기차다.

찾아가는 식당에 거의 온 듯하다. 거리에 사람들이 점점 많아진다. 교차로가 사거리인지 오거리인지 애매하고 신호등을 확인하기 어렵다. 대충 사람들이 길을 건널 때 따라갔다. 길 저편에 기차역인 Sirkeci역이 보인다. 그래서 더 사람들로 붐볐다. 이 지역 하늘은 온통 트램 용 전선줄로 복잡하게 얽혀 있다. 그 위로 흰 구름은 저녁노을에 서서히 붉게 물들고 있다.

드디어 식당에 도착했다. 우리 일행 외에는 손님이 없어서 의외였다. 식당이 거의 100년은 된 것으로 알고 왔는데 말이다. 콧수염을 양옆으로 가른 할아버지 셰프가 반갑게 맞이했다. 다양한 음식들이 투명한 음식 진열장 속에서 선택받기를 기다리고 있다. 가격은 선택한 음식의 양에 따라 결정된다. 종류가 많아도 양이 적으면 값이 작아지고 종류가 적어도 양이 많아지면 가격이 올라가는 식이다.

낮에 점심 먹었던 식당보다 활기도 없고 진열장 속의 음식이 신선해 보이지 않는다. 볶음밥은 약간 말라 있다. 밥은 볶은 지 좀 오래됐다. 손님이 많지 않아 순환이 원활하지 않은 상태가 고스란히 드러난다.

고기완자와 감자튀김이다.

돌마와 오크라를 토마토소스로 양념해서 뭉글한 스튜를 만들었다.

고기완자와 토마토 스프이다.

　우리 옆 테이블에서 노부부가 식사를 하고 있다. 말없이 꼼꼼하게 접시 위의 음식을 남기지 않고 입으로 옮긴다. 그릇에 남은 소스는 빵으로 바닥을 청소하듯이 닦아서 처리한다. 터키인들의 보통 식사를 보니 거의 채식 위주이다. 식당 벽에는 이 식당의 설립자부터 둘째, 셋째 사장의 흑백 사진이 나란히 걸려 있다. 흑백의 묵직함이 배어 있는 식당에서 오래된 깊은 맛을 찾지 못해 못내 아쉬운 식사였다.

이 식당을 나와 숙소로 가는 길에 이집션 바자르를 구경할 수 있었다. 이집션 바자르는 역사도 깊고 유명한 재래시장인데 현지인들 대상으로 식료품과 향신료를 팔고 있다. 서울의 경동시장 같은 분위기이다. 온갖 것을 다 팔고 있다. 각종 견과류, 디저트 음식, 과일절임, 허브 말린 것…… 더 많지만 생략을 한다. 애완용 먹이로 금붕어 같은 어류의 먹이도 있고 여러 종류의 새 먹이도 있다. 그런데 개 사료는 눈에 띄지 않는다. 갑자기 이스탄불 개들의 먹이가 궁금해진다. 그들은 뭘 먹기에 날카로운 기색이라곤 없이 너무나 멀쩡하고 평온하다. 길에서 잠이 많은 게 문제이긴 하지만.

달콤한 후식이 지천에 있는 벌크 스토어 앞을 지난다. 터키의 후식은 질식할 정도의 단맛으로 악명이 높다. 이슬람은 현세의 즐거움과 쾌락에도 관심이 많다. 혀를 즐겁게 하는 것은 아무 문제가 없다. 이 집에서 일하는 청년이 달콤한 포즈를 취한다.

시장 깊숙히 들어가 보았다. 입구 쪽은 점포도 열려있고 사람들도 많았는데 안쪽은 벌써 문을 닫았고 어두웠다. 몇몇 식당들만 영업을 하고 있었다. 그곳에서 차도르를 두른 여인들이 음식을 먹고 있었다. 호기심에 재빨리 그들이 먹는 음식을 보았다. 우리가 시내에서 보았던 음식과는 달라 보인다. 현지인들이 즐겨 먹는 터키 전통식은 관광객이 먹는 음식과 다소 차이가 있는 것 같다.

이곳에서 갈라타 다리까지는 얼마 안 되는 거리이다. 그곳으로 향했다. 고등어 케밥을 선상에서 만들어 파는 영업이 성황이다. 이 거리에서 활기 찬 이스탄불의 밤기운을 느낀다. 케밥 뿐 아니라 여러가지 길거리 음식과 음료를 판다. 달콤한 도넛과 레몬 쥬스를 먹어 보았다. 갓 튀겨 올린 도넛 이 눈이 번쩍 뜨일 정도로 맛있다.

이제 숙소로 돌아간다. 밤 10시가 다 되었다. 가로등이 드문드문 있는 이스탄불의 밤거리는 몹시 어둡다. 조금 전 사람들로 북적이던 곳에서 10여분 걸어오니까 전혀 다른 세상이다. 빛이 사라진 어두운 낯선 거리를 터벅터벅 걷는다.

5. 이스탄불은 다면체

돌마바흐체 궁전을 가다

오늘 일정이 제법 빡빡하다. 아침 일찍 지하궁전이라 불리는 지하 저수조에 들른 다음 돌마바흐체 궁전을 방문할 것이다. 저녁에는 이스탄불의 신시가지 '탁심'을 돌아볼 계획이다. 이번 여행을 위해 특별히 제작한 청색 상의 유니폼을 입고 숙소를 나선다. 으랏차차차!!!

이번 여행을 위해 특별히
제작한 청색 상의 유니폼
을 입고 숙소를 나선다.

으랏차차!!!

트램을 타고 어제처럼 술탄마호메트역에서 내렸다. 블루 모스크, 소피아 성당뿐만 아니라 톱카프 궁전과 지하 저수조도 이 역에서 가깝다. 며칠 안 됐는데 벌써 이 역이 친숙해졌다. 아직은 입장시간이 조금 남았다. 일찍 일어나 바삐 움직인 데다 아직 아침을 안 먹어서 시장기가 돈다. 술탄마호메트광장에는 벌써 상인들이 나와서 국민빵 '시미츠'와 옥수수, 그리고 간단한 음료를 팔고 있다. 오늘따라 시미츠 빵이 무척 먹음직스럽다.

사람들이 여기서 사먹는 광경은 보았지만 선뜻 사 먹지는 못했다. 길에서 음식을 함부로 사먹지 말라는 어릴 적 교육이 평생을 간다. 오늘은 마음 가는 대로 빵을 사서 광장 시민들처럼 길거리에 앉아 먹었다. 그들의 국민빵은 생각했던 것보다 빽빽했다. 한국 빵이 훨씬 부드럽다. 반대로 터키인들이 우리 빵을 먹어 본다면 '무슨 빵이 이래? 도대체 씹을 게 없네!'라고 생각할 거다.

이 지하궁전은 서기 532년, 동로마제국의 '유스티니아누스' 황제 때 완성됐다. 그 당시 콘스탄티노플 시민이 1개월간 사용할 수 있는 물을 여기에 저장했다. 1500년 전쯤에 건설 중장비도 없이 이런 대규모 건설 프로젝트를 구상하고 완성했다는 것이 놀라울 뿐이다. 오스만제국은 동로마제국을 정복 하고나서 '콘스탄티노플'이라는 이름을 버리고 '이스탄불'로 바꾸었다.

이 작업을 했던 노예들이나 하층민들이 얼마나 힘들었을지는 상상을 불허한다. 그리고 얼마나 많은 사람들이 다치고 죽었을까. 애끓는 울음소리가 이 궁전 곳곳에 배어 있는 듯하다. 차라리 '눈물의 궁전'이라 부르는 게 더 낫겠다. 그렇지 않아도 이 지하 건물의 많은 기둥 가운데 눈물처럼 물이 흐르는 기둥이 있다.

구경을 마치고 어두운 지하에서 나오니 마음이 편안해지고 점점 상쾌해진다. 마치 어린 시절 어두운 영화관에서 밖으로 나왔을 때 환한 빛을

보며 안도하고 행복했던 것처럼 말이다. 술탄아흐메트역으로 다시 갔다.
돌마바흐체 궁전은 이스탄불의 신시가지에 있다. 트램을 타고 보스포러스
해협을 넘어가야 한다. 갈라타 다리를 건너는 것이다. 이스탄불에 온지 3
일째가 돼서야 신시가지 구경을 가는 것이다. 새로운 궁전인 돌마바흐체
궁전으로 간다.

터키말로 '돌마'는 '속이 꽉 차다'라는 뜻이고 '돌마바흐체'는 '정원으로 꽉 차다'라는 뜻이다. 터키나 그리스 음식 가운데 '돌마'가 있다. 양념한 쌀을 포도잎으로 싼 음식을 말한다.

1856년에 완성된 돌마바흐체 궁전은 당시 오스만제국의 경제력으로는 도저히 건설할 형편이 못 되는 엄청난 규모의 건축물이었다. 그런데도 무리하게 이 궁전을 세우면서 오스만제국은 재정이 악화되어 급격하게 쇠퇴하기 시작했다. 실제로 구경을 해보니 그 웅장함과 화려함에 입이 다물어지지 않는다.

　　돌마바흐체 궁전에도 별도의 하렘 건물이 톱카프 궁전처럼 뒤쪽에 있다. 하렘은 황제의 가족과 후궁들이 기거하는 곳이다. 하렘의 실세는 황후이다. 황후가 궁녀들 가운데 한 명을 간택해서 아들에게 보낸다. 어머니가 아들한테 별걸 다 해준다. 그래서 하렘의 궁녀들은 황제보다 황후에게 더 잘 보여야 했다.

　　이 궁전을 구경한 후 점심을 먹기 위해 식당으로 향했다. 신시가지를 걸어가며 자세히 둘러본다. 신시가지는 사방에 건물을 세우느라 소음이 만만치 않다. 좁은 길을 제법 걸어 식당에 도착했다. 이스탄불에서 가본 식당 가운데 가장 현대식이다.

미트볼 요리인 구운 미트볼과 흰콩 샐러드(Grilled Meatballs with White Bean Salad)가 먼저 나왔다.

다음은 이 식당의 또다른 메뉴인 '만티라'이다. 생각보다 크고 모양도 다르다.

다음은 토마토 스프이다.

다음의 가지 요리는 가지를 구워서 속을 긁는다. 이 가지 속으로 만든 소스 위에 고기를 올리고 토마토, 허브로 장식한다.

작은 거리가 더 재밌다

식당을 나와 숙소로 가기 위해 좁은 골목 길로 들어섰다. 길거리 음식을 파는 작은 음식점들이 나란히 줄을 서 있다. 홍합을 전문으로 하는 곳이 눈에 띄었다. 그리스와 마찬가지로 터키도 홍합을 즐겨 먹는다. 여러가지 방법으로 즐길 수 있는데 여기서는 홍합밥이다. 홍합 리조또인데 홍합을 삶아서 그 국물로 밥을 지어 홍합살과 함께 먹는다.

점심을 먹은 직후지만 그냥 지나치기 아쉬워 홍합 리조또를 맛보았다. 인상 좋은 홍합집 아저씨의 유쾌함에 입안도 즐겁다. 이런 일을 매일 하다 보면 지루하고 지쳐서 무표정하거나 찌든 표정이 나올 만한데 반대로 얼굴 가득히 미소를 띠며 즐겁게 일한다. 그의 미소는 리조또에 뿌리는 레몬향만큼 싱그럽다.

이 작은 거리에 연륜이 제법 느껴지는 빵집도 보인다. 터키의 국민빵인

시미츠를 만드는 곳이다. 한쪽 벽면을 장식한 흑백 사진을 보니 할아버지가 시작한 가게를 3대째 운영하고 있다. 1930년대에 시작했으니 이제 100년이 다 돼 간다. 빵의 장인을 뒤로 하고 이 골목길을 계속 걸었다.

걷다보니 그리스에서도 즐겨 먹는 양고기 내장구이를 하는 집이 보인다. 그리스와 요리하는 방식이 똑같다. 긴 쇠 파이프에 양 창자를 둘러싸면서 내장을 중간중간에 끼워 넣고 불 위에서 돌린다. 그러면 기름이 아래로 쪽 빠지면서 담백한 맛이 난다. 터키식 양 창자 구이를 얇은 피타빵에 싸서 먹어 보았다. 곱게 다져 별도의 양념을 한 창자 구이는 고소한 맛이 진하고 곱창구이 같이 쫄깃하다.

시내 골목을 구경하다 보니 숙소에 예정보다 1시간 가량 늦게 도착했다. 하지만 지금은 늦어도 그만인 여행 중이지 않은가. 침대에 좀 누웠다. 누우면서 '아아~' 하는 소리가 절로 나온다. 오래 걸은 줄도 모르고 계속 걸어서 힘이 들었나 보다. 어둡기 전에 탁심거리로 나가야 한다. 탁심은 이스탄불의 핫 플레이스로 서울의 홍대앞이나 강남이라 할 수 있다.

탁심은 홍대 앞

숙소에서 위쪽 언덕으로 꽤 올라갔다. 그렇게 긴 시간은 아니고 약 30분 정도 걸었더니 탁심 거리가 나온다. 사람들이 생각보다 엄청 많다. 파격적인 복장의 여자들이 거리를 활보하고 있다. 내가 이슬람 국가에 대해 뭔가 고정관념을 가지고 있는 것 같다. 그래서 조그만 것에도 이렇게 고개를 갸우뚱한다. 건물들의 규모도 꽤 크다. 오늘이 터키의 무슨 날인가 할 만큼 인파가 몰려오고 있다. 눈에 띄는 예쁜 트램이 지나간다. 빨갛고 앙증맞다. 모양도 클래식하다. 이것이 지나가면서 신시가지에 옛 향수를 뿌려놓는다.

큰길을 따라 걷다보면 좌우로 작은 골목들이 나온다. 큰길로 가다가 왼편 작은 골목으로 들어섰다. 거리엔 사람들이 넘쳐나고 우리의 떡볶이 전문점처럼 메뉴가 단순한 음식점들이 길을 따라 쭉 늘어서 있다. 아까 길에서 먹었던 홍합 리조또를 파는 가게가 이 거리엔 정말 많다. 신기한 것은 이곳 음식점에서는 술을 안 판다.

골목길 안쪽으로 좀 더 들어가 보았다. 점포마다 텅 비어 있다. 큰길가의 꽉 찬 상점이나 음식점들과는 너무 대조가 된다. 아직 손님들이 본격적으로 올 시간이 안 된 것인지 아니면 이곳도 경기가 안 좋은 건지 알 수가 없다.

작은 골목에서 나와 다시 큰길로 나왔다. 청년 넷이 기타를 치며 열정적으로 거리 공연을 하고 있다. 홍대 거리에서 많이 보던 풍경이다. 그들의 음악은 보통 이상은 되나 아주 잘 하는 편은 아니다. 예술 분야에서 자기가 좋아하는 일을 하면서 동시에 그것을 전문적으로 잘 하기란 쉽지 않다.

아쉽게도 예술은 짧고 인생은 길다.

　큰길에는 여전히 사람들로 붐비고 있다. 디저트 전문점이 많이 보이는 것이 특이하다. 특히 바클라바 같은 디저트 종류만을 포장 판매하는 곳도 있는데 역사가 100년 가까이나 되는 곳도 있다. 터키 전통음식을 포장 판매하는 곳도 많다. 이 번화한 길이 3km 정도라고 하는데 벌써 다 걸었나 보다. 시발점이 되는 탁심 광장에 가까워졌다. 처음 공항에서 버스를 타고

이스탄불 도심에 내려서 간 곳이 탁심 광장이었다.

　탁심 광장에서 숙소로 돌아가는 길에 맥주와 안주를 사려고 편의점에 들렀는데 팔지 않았다. 좀 더 걸어서 큰 마트에서 맥주와 과일을 살 수 있었다. 마트에서 근무하는 여직원들이 상당히 친절하고 활기차다.

숙소에 돌아와서 목도 마르고 출출해서 맥주 파티를 열었다. 온종일 많이 걸었다. 돌마바흐체 궁전에서 점심 먹으러 식당까지 걷고 거기서 숙소까지 왔다가 다시 탁심 거리로 나가서 또 숙소까지 엄청난 거리를 걸었다.

저녁은 동네에서 가까운 식당에서 해결하기로 했다. 그 식당은 숙소 찾으러 처음 이 동네로 짐을 끌고 들어올 때 찜을 해둔 곳이다. 손님이 꽤 많아서 인기 있는 곳이 틀림없다고 생각했다. 식당에 도착하니 예상했던 대

로 손님이 많다.

터키 케밥은 '도우너 케밥'과 '시시 케밥'으로 나누어진다. 고기를 빙빙 돌려가며 구운 고기를 얇게 저며서 피타 빵에 싼 것이 도우너 케밥이다. 그리스음식 가운데 '기로스'라는 샌드위치와 비슷하다. 시시 케밥은 꼬치 구이다. 그리스에선 수블라키라고 부르는데 터키의 시시 케밥과는 쌍둥이 처럼 닮았다. 메뉴를 선택하고 주문을 했다. 쇠고기 미트볼과 도우너 케밥을 주문했다. 맥주와 와인도 함께 주문했다.

쇠고기 미트볼이 먼저 나왔다. 토마토소스로 양념을 했는데 그리스 식

미트볼과 맛이 거의 같다.

　이 집의 도우너 케밥은 피타 속에 매운 고추를 넣어 약간 매콤해서 우

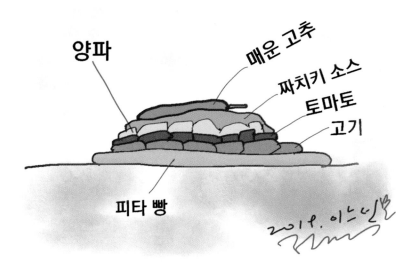

양파
매운 고추
짜치키 소스
토마토
고기
피타 빵

리 입맛에도 잘 맞는다.

6. 안녕, 이스탄불

갈라타 타워에서

오늘은 이스탄불을 떠나 그리스로 간다. 체크아웃을 하고 짐은 숙소 사무실에 잠시 맡겼다. 공항으로 가기 전에 3시간 정도 여유가 있어 근처 갈라타 타워를 보러 가기로 했다.

이번 3박 4일의 이스탄불 여행 일정은 너무 빡빡하지도 느슨하지도 않았다. 하루 평균 5시간은 배낭을 짊어지고 다닌 도보 여행이었는데 몸과 마음을 튼튼하게 해주는 보약 같은 시간이었다.

숙소에서 언덕을 올라 20분이 채 안 돼 갈라타 타워에 도착했다. 타워의 높이는 63m이다. 갈라타 지역에서는 가장 높은 건물이다. 14~15세기 비잔틴 제국 시절에 이곳에서 장사를 하던 제노바 상인들이 전망탑으로 세운 것이다.

'이스탄불'은 과거가 복잡한 도시다. 주인이 여러 번 바뀌면서 도시 이름도 바뀌고 문화와 역사 역시 충돌하거나 섞이기도 했다. 덕분에 이곳의 음식은 그 가운데 가장 맛있는 요소들만 살아남아 최고의 맛으로 진화했다.

그리스 음식여행을 시작하기 전에 이스탄불을 먼저 찾은 이유도 여기에 있다. 그리스 음식과 터키 음식이 공유하는 것은 어떤 것일까? 다른 점은? 왜? 이번 터키 여행이 짧은 여정이지만 지중해 음식이 앞으로 공부할 게 많다는 걸 깨닫게 해준다.

그리스 음식과 터키 음식에 대한 연구는 두 나라의 역사와 문명사에 대한 이해가 도움을 줄 것이다. 말하자면 메소포타미아 문명, 발칸반도의 이주민 역사, 그리고 비잔틴제국의 흥망사 등에 대한 연구가 병행된다면 금상첨화다. 이런 분야는 머리가 희끗희끗한, 집에서 파스타 정도는 취미로 하는 음식 역사학자가 하면 더 잘 어울릴 것 같다.

갈라타 타워의 맨 위 전망대로 올랐다. 이미 많은 관광객들이 그들 아래 펼쳐진 시원한 전망을 내려다보고 있었다. 날씨는 청명했다. 이곳에서는 이스탄불의 시가지와 갈라타 지역에 있는 유명한 관광명소들이 거의 보인다. 특히 보스포러스 해협과 골든 혼을 볼 수 있다. 이 해협은 '이스탄불'을 유럽과 아시아로 나누는 것으로 유명하다. 갈라타 다리가 멀리 보인다.

한동안 탑 아래를 바라보았다. 마치 건축과 학생들의 졸업전시회 건물 모형처럼 이스탄불이 앙증맞고 귀엽게 보인다. 빨간 지붕을 얹은 집들이 빼곡하다. 파란 하늘에 떠 있는 흰 구름들이 이런 꼬물거리는 풍경에 무심하게 얹혀서 뭉게뭉게 흘러간다.

근처 건물의 옥상에서 여러 사람들이 모여 한낮의 파티를 열고 있다. 결혼식 파티라도 하는 걸까? 내 엄지손톱보다 작게 보이는 식탁에도 있어야 할 건 다 있다. 음식 접시, 술잔, 꽃 등이 얹혀 있다.

전망대 벽에는 낙서들이 많다. 연인들의 이름, 이곳 방문일, 그리고 하고픈 말 등을 못 같은 것으로 긁거나 사인펜으로 쓴 것이다. 낙서 본능은 어느 나라나 마찬가지인 모양이다. 지워도 계속 낙서를 하니까 아예 지우지도 않는다. 혹시 한국인이 낙서한 자국은 있는지 훑어보았다. 한글 비슷한 형태가 중간 중간에 보인다. 그럼 그렇지.

9층 높이의 갈라타 타워 전망대에서 내려와 그 바로 아래층에 있는 입체 영화관에서 '이스탄불'을 복습했다. 헬리콥터를 타고 이스탄불을 둘러보는 가상 체험을 하는데 구경하는 사람은 우리 외에는 없었다. 타워를 내려와 아침 겸 점심을 먹기 위해 식당을 찾아 나섰다.

점심을 먹은 다음 숙소에서 짐을 찾아 공항으로 가야 한다. 그러니 좀 서둘러야 했다. 식사를 한 시간 내로 마쳐야 한다. 식당을 바삐 찾고 있는데 터키 청년들이 우리 일행과 사진을 찍자고 한다, 우리 복장이 중국이나 어느 동양에서 온 군인으로 오해들을 하는 거다. 어떤 이들은 거수경례도 한다. 이렇게 나이 먹은 병사들도 있나? 젊게 봐주니 고맙다. 기꺼이 시간을 내주기로 한다.

멋진 식당을 발견했다. LAVAZZA라는 이름의 식당인데 종업원들 외모가 준수하다. 갈라타 타워를 찾아온 관광객 가운데 특히 외국인들을 위한 레스토랑으로 보인다. 실내로 들어가 보니 제대로 꾸며놓았다. 체크무늬 바닥재가 깔끔하고 단정하다.

그리고 벽에 대형 거울을 둘러서 실제보다 실내 공간이 훨씬 넓어 보인다. 터키의 다른 많은 음식점처럼 이곳도 주방 앞에 음식 진열대가 있고 전시된 다양한 음식 중에서 원하는 음식을 선택해야 한다.

그리스에도 이런 식당이 많다. 이런 방식의 운영을 누가 먼저 했느냐고 그들에게 묻는다면 서로가 원조라고 할 거다. 그만큼 그리스와 터키는 음식에 관한 한 연관성이 많다. 터키의 전신인 오스만제국이 약 400년간 그리스를 지배한 역사가 있기 때문이기도 하다.

진열대 뒤에 요리사들이 서 있다. 손님이 진열대 음식을 고르면 접시에 담아낸다. 친절하고 상냥한 웨이트리스가 요리를 들고 우리에게 다가오고 이내 먹음직한 터키 식사 한 상이 차려진다.

그리스 음식보다 터키 음식이 색과 맛이 좀 더 현란하고 맛도 더 자극적이다. 이슬람 문화의 영향을 받아서 그럴 수 있다. 지역마다 맛의 차이가 있겠지만. 식탁에 올라온 음식 가운데 그리스 음식을 좀 아는 사람에게는 눈에 익은 음식이 있을 것이다.

포도 잎에 쌀과 페타치즈 등을 넣어 만드는 포도잎쌈이다. 그리스나 터키 모두 '돌마데스'라고 한다. 내가 운영하는 식당에서도 예약 파티 때 가끔 선정하는 메뉴이다. 평소에는 포도 잎을 소금물에 절여서 보관했다가 조리 전에 물에 담가서 짠맛을 뺀 다음 요리한다. 예전에는 그리스 올림픽 항공 비행기를 이용하면 식사 때마다 'Greek spirit'이라고 하면서 이 돌마데스가 하나씩 서비스되었다.

'하머스 Hummus'라고 하는 '병아리콩' 소스도 그리스와 공통이다. 이 병아리콩 소스는 이곳 터키, 레바논이나 이집트 등 중동뿐 아니라 미국이나 캐나다 같은 북미 지역에서도 건강과 미용에 좋은 음식으로 인기를 모으고 있다. 특히 여성들과 젊은 직장인들 사이에서 다이어트식으로 자리를 잡았다.

'하머스'는 병아리콩, 타히니, 올리브기름, 레몬즙, 소금, 마늘 등을 섞어 으깬 소스이며 단백질의 비중이 높고 지방이 적다. 지중해 지역에서 이 콩 요리는 인기 있는 식품이지만 지중해를 접한 나라인데도 프랑스나 이탈리아 지역에는 이 콩 소스가 널리 퍼지지 않은 듯하다. 아무래도 이 병아리콩 소스는 이슬람 문화권에서 더 알려지고 인기가 있다. 그리스에서는 이 소스를 대단히 즐긴다.

유럽이나 북미의 마트에서는 이 소스를 쉽게 구매할 수 있다. 우리나라에서도 시간은 걸리겠지만 이 콩 소스를 요거트처럼 마트에서 판매하는 날이 올 것이다. 지금도 이태원 식자재 마트에 가면 이 소스를 용기에 담아 조금씩 판매하는 것을 볼 수 있다. 한국에 오는 이슬람 국가 무슬림들과 외국에서 생활하다 이 맛에 익숙해진 한국인들이 이 Hummus 소스를 점점 더 많이 찾고 있다.

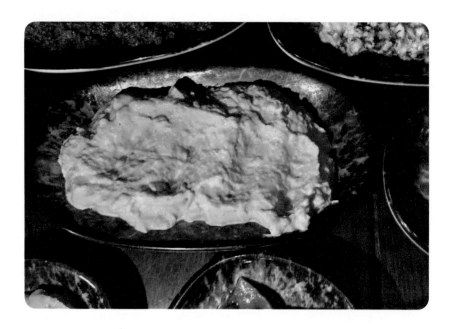

식사를 급히 하고 짐을 가지러 숙소로 돌아왔다. 이스탄불공항까지 버스로 얼마가 걸릴지 몰라 마음이 다급해졌다. 짐을 끌고 간신히 버스에 올랐고 공항에 도착해서는 여유 있게 아테네 행 비행기에 오를 수 있었다. 비행기가 이륙하자 곧 깊은 잠에 빠졌다.

비행기에서 나이 드신 할머니 한 분이 내 옆에 앉으셨다. 그 옆에는 중년여성이 앉았는데 할머니의 딸이었다. 이 할머니와는 눈으로만 인사하고 아테네에 도착할 때까지 아무 말 없이 갔다. 이 할머니를 보니까 예전에 아테네에서 토론토로 가는 비행기에서 있었던 '소중한 만남'이 생각난다.

도라 할머니와의 만남

벌써 17년 전의 일이다. 도라 할머니는 그날 나와 같은 비행기를 탔다. 나는 당시 캐나다 토론토에서 운영하던 그리스 음식점을 정리하고 서울 홍대 앞에서 그리스 음식점을 운영하기 위한 장소 계약도 이미 마친 상태였다. 그리스 본토의 식자재와 식당 인테리어용 소품들을 사러 아테네에 갔다가 가족들이 있는 토론토 집으로 오는 길이었다.

그때 내 옆 좌석에 그리스 할머니가 계셨다. 당시에 75세였으니까 지금은 90세가 넘으셨지 싶다. 그 비행기의 승객은 대부분 나이 많은 그리스인들이었다. 젊은 시절 캐나다에 이민 와서 살면서 고향인 그리스를 방문하고 돌아오는 분들이었다. 토론토에서 그리스까지는 대서양만 건너면 된다. 대략 6시간 좀 더 걸렸다.

나는 기내에서 식사도 않은 채 담요를 머리끝까지 덮고 계속 잠만 잤다. 한국에서 보름 후에 오픈할 그리스음식 사업에 온 신경이 집중되어 있었고 2주간의 그리스 여행으로 몹시 피로해 있었다. 옆에서 할머니가 식사하라고 한두 번 깨우는 걸 느꼈지만 너무 피곤해서 그냥 잠만 잤다. 아테네를 떠난 비행기는 몬트리올에서 승객의 절반을 내려주고 토론토로 향한다. 그만큼 몬트리올에 거주하는 그리스인들도 많다.

몬트리올에서 내리는 승객들의 소란스러운 소리에 완전히 잠이 깼다, 옆의 할머니가 웃으시면서 몸이 괜찮으냐고 묻는다. 마치 한국의 자상한 할머니가 손자나 아들을 대할 때 표정이다. 그 할머니의 온화한 얼굴을 잊을 수 없다. 낯선 동양인이 혹시 아픈가 걱정이 되었던 모양이다.

그때부터 토론토 공항에 비행기가 도착할 때까지 할머니와 대화를 나눴다. 통성명을 한 후 대화가 자연스레 이어졌다. 도라 할머니는 우선 나를

편안하게 대했다. 타인과 대화를 하면서 불편한 이유는 상대가 심리적으로 나에 대해 편하지 않은 상태라서 그렇다. 상대의 그런 마음은 나를 전염시킨다. 어떤 경우에는 그 반대가 되기도 하고.

도라 할머니는 태생적으로 내면이 평화스러운 분이셨다. 그녀의 밝은 기운이 나를 따뜻하게 했다. 내가 보름 후엔 한국으로 가서 그리스 음식점을 오픈한다고 했더니 자기가 도와주면 안 되겠냐고 하신다. 토론토에서 그리스 음식점을 20년 넘게 운영했다고 하시며. 나보고 열흘 정도 매일 자기 집에 와서 음식을 배우라고 한다.

그 다음 날부터 도라 할머니 댁에 10일간 출근을 했다. 토론토 우리 집에선 자동차로 20분 정도 걸렸다. 음식도 함께 하고 커피도 마시고 점심은 할머니께서 오전에 만드신 걸 같이 먹었다. 당뇨가 심해서 걸음이 불편하

셨다. 평상시엔 실내에서도 휠체어를 탔고 조리 시에만 일어나셨다. 식재료를 썰고 자르고 하는 잔심부름은 내가 맡아 했다.

   그 당시에 할머니께서 그리스 식 스프, 무사카, 그리스 식 양배추 쌈인 '돌마다키아', 그리스 샐러드 등을 가르쳐 주셨다. 할아버지는 수년 전 지병으로 세상을 떠나서서 주택에 혼자 사셨다. 가끔 여동생과 아들 내외가 들러서 보살핀다고 했다. 어느 날은 음식을 다 만드시고 낡은 앨범을 꺼내셔서 사진을 보며 이야기를 하신다.

   할아버지 사진을 보시며 이야기하다가 울음을 참지 못하고 눈물을 흘리셨다. 어떻게 위로를 해야 할지 몰라 그냥 옆에서 어깨만 꼭 안아드렸던 기억이 난다.

약속한 10일이 되었다. 마지막 날 무얼 가르쳐 주셨는지는 잊었다. 할머니께서 마지막 수업을 마치고 나한테 자기가 잘 아는 그리스 식당에 가서 점심을 먹자고 하셨다. 한참을 운전을 해서 토론토 외곽에 있는 그리스 식당에 들어갔다. 매니저와는 잘 아는 사이인지 그리스 식으로 포옹도 하고 한참 얘기를 나누셨다.

그날 무엇을 먹었는지는 생각이 잘 나질 않는다. 다만, 치즈 위에 우조를 너무 많이 뿌려 불길이 컸던 '사가나키'와 개업 선물로 예수님 이콘과 그리스 커피 잔 12개, 그리고 조그만 그리스 조각품 2개를 주신 것은 선명하게 기억한다.

지금도 할머니의 예수님 이콘은 필자가 운영하는 그릭조이 홀에 놓여 있고 그리스 커피 잔 2개도 잘 보관되어 있다. 나머지 10개는 17년 세월 속에 분실되고 깨졌다. 그 할머니는 아직 살아 계신지 모르겠다. 짧은 시간이지만 나에게 그리스 음식뿐 아니라 따뜻한 마음과 배려를 가르쳐주신 분이다.

17년 전으로 타임머신을 타고 날아갔다 다시 돌아왔다.

아직 아테네까지는 두 시간도 더 남았다.

7. 플라카의 밤거리

그리스 여신이 알바를 하다

이스탄불을 떠나 아테네에 도착했다. 공항에서 귀에 들리는 음악소리나 말소리가 이스탄불과는 사뭇 다르다. 심지어 공기 냄새까지 그렇다. 이건 그 나라 사람들이 주로 먹는 식재료나 양념 냄새와 관련이 있는 듯하다. 다른 나라에 도착했다는 사실은 언제나 공항에서부터 실감한다.

아테네 공항에서 지하철을 타고 시내로 들어갔다. 아테네는 이번이 네 번째 여행이다. 남들은 평생에 한 번도 오지 않는 이 나라에 올 때마다 이런 생각을 한다.

'내가 그리스 음식을 하니까 여길 자주 오는 거지. 만약에 아프리카 음식을 했다면 사막이나 정글로도 여행을 하겠지?'

역에서 내린 다음 짐을 끌고 긴 언덕을 올랐다. 예약한 숙소에 짐을 풀고 아테네 첫날이 시작되었다. 간단한 복장으로 저녁을 먹으러 나갔다. 아크폴리스가 있는 플라카 지역으로 걸어서 간다. 30분 정도 걸린다. 플라카에 음식점이 밀집되어 있고 맛집들이 많아서 다양한 음식을 즐길 수 있다. 아테네가 이스탄불보다 덥다. 벌써 저녁 8시 반이 되었다. 우리 시간으로는 늦은 저녁식사지만 그리스인들에게는 딱 좋은 시간이다.

구글을 이용해 플라카 지역 맛집을 찾아간다. 길거리는 어둡고 산만하다. 홍대앞과 합정동에서 20년 가까이 생활해온 내 눈에는 그렇게 느껴졌다. 길이 너무 좁다. 사람이 마주 걸어오는 경우에는 서로 약간 비켜 가야 할 정도이다.

예전에는 사람만 다니던 길을 차와 함께 쓰려니 '사람 길'이 좁아진 것 같다. 억지로 낸 '찻길'도 마찬가지로 넉넉하지 못하다. 그래서 오토바이를 많이 이용하는 게 아닐까? 사람들이 카페의 야외 테이블에 앉아 한가롭게 체스를 두고 있다.

우리가 가고 있는 플라카 지역은 우리나라로 치면 홍대앞이나 이태원 같이 밝고 화려한 관광지로 볼거리가 많은 인기 지역이다. 그리고 주변에 고대 그리스의 찬란한 문화유산도 함께 하고 있다.

아직 본격적인 플라카 지역이 아니어서 그런지 주위는 어둑하다. 오래된 아파트들 사이를 지나가고 있다. 좁은 차도에 사람들이 한꺼번에 몰려나와 차와 사람이 함께 걷는다. 이러니 차들은 제대로 빠져 나가지 못한다. 도로에 주저앉은 자동차가 내뿜는 배기가스로 호흡이 곤란할 지경이다. 지금 아테네 기온은 30도.

이제 음식점 거리로 들어선다. 멀리 아크로폴리스의 불빛이 플라카를 비춘다. 각종 기념품을 파는 가게들의 조명이 환하다. 길거리를 오가는 사람들의 얼굴에서도 빛이 난다. 음식점에는 많은 관광객과 현지인들이 어울려 즐겁게 술을 마시며 음식을 먹고 있다. 하루 중 이때가 가장 북적거릴 시간이다.

한 음식점 앞을 지나가는데 요란한 음식 냄새가 코를 찌르며 유혹한다. 여신처럼 아름다운 그리스 미녀가 그 앞에 서서 들어오라고 미소를 보낸다. 여신이 알바를 하는가 보다.

아직 가려고 하는 식당을 찾지 못했다. 플라카의 밤풍경을 보면서 계속 걸었다. 어떤 식당은 텅텅 비어 있고 어떤 곳은 사람이 꽉 차 있다. 이렇게

'잘 되는 곳은 더 잘 되고, 안 되는 곳은 더 안 되는' 현상은 우리나 그리스
나 같다. '빈익빈 부익부' 현상은 세계 공통이다. 한 식당을 지나는데 신나
는 음악 소리가 들린다. 악사가 식당 안에서 연주를 하고 있다. 악사의 연
주를 들으며 식사를 하는 것은 그리스 식당의 전통이다.

　또 다른 음식점 거리로 들어선다. 길거리에는 손에 맥주를 들고 마시며
걸어 다니는 관광객들도 보인다. 우리나라도 음주에 대해 관대한 편이지만
어떤 나라들은 여러 가지 이유로 술 판매나 음주를 상당히 규제한다. 이런
나라에선 법으로 정한 특정 장소에서만 술을 팔고 마실 수 있도록 되어
있다. 본국에서 강한 규제를 겪은 관광객이라면 이렇게 편의점에서 맥주
를 사거나 길을 걸으며 마시는 술은 평생 몇 번 안 되는 경험일 것이다. 이

들은 길에서 캔 맥주를 입에 댄 사진을 찍어 페북에 올리기도 한다.

그런데 이렇게 밝고 온통 신나는 듯 보이는 세상에서 혼자 '부추키'를 슬프게 연주하는 중년사내가 보인다. 식당과 식당 사이 아주 작은 공간에서 북적거리는 주위와는 동떨어진 채 혼자 연주에 몰두하고 있다. 그의 연주는 가슴 찢어질 듯 애잔하다. 그는 플라카 거리의 외로운 아티스트이다.

플라카의 밤은 깊어가고

드디어 오늘 저녁 먹을 곳을 찾았다. 식당 이름은 '타나시스'이다. 야외식당인데 사람들이 꽉 차 있다. 영업이 엄청 잘 되는 식당이다. 그 옆에도 다른 식당이 운영하는 야외식당이 있는데 좌석이 절반 이상 비어 있다.

손님들은 야속하게도 좌석이 꽉 찬 곳으로 가게 마련이어서 빈 곳은 계속 빈다. 이런 현상은 시간이 갈수록 더욱 심화된다. 정글의 법칙이다. 우리도 역시 좌석이 꽉 찬 이 식당에 자리를 잡았다. 옆집보다 뭔가 하나라도 잘 하니까 이럴 테지 뭐. 사람들은 대개 이렇다.

메뉴판을 보고 도마데스예미스타, 타나시스 케밥과 수블라키를 주문했다. 도마데스예미스타가 먼저 도착했다. 중간 크기의 토마토 구이와 오레가노 향이 나는 구운 감자가 함께 나왔다. '도마데스예미스타'는 토마토 속을

우리도 역시 좌석이 꽉 찬 이 식당에 자리를 잡았다.

쌀로 채워서 오븐에 구운 것인데 그리스뿐 아니라 터키, 레바논 등 이슬람 지역에서도 즐겨 먹는 음식이다.

그리스는 이슬람 음식문화와 쉽게 소통할 수 있는 지리적 위치에 있다. 어느 쪽이 이 음식의 원조인지 따지기는 무척 어렵다. 이런 건 콧수염이 하얗고 동그란 테 안경이 어울리는 인류학자의 몫이리라. 우리는 그저 이 빨간 음식을 맛있게 먹으면 된다.

인상 깊었던 것은 타나시스 케밥이었다. 먼저 피타 빵 두 개를 밑에 깔았다. 그 위에 수블라키 네 개를 올리고 짜지키 소스로 덮은 음식이다. 고기들의 간이 입에 맞다. 피타 빵은 약간 두툼해서 식감이 좋았다.

터키 같은 이슬람권 나라들의 피타는 그리스 것보다 상대적으로 얇다. 나도 매일 피타 빵을 직접 만든다. 한국에 돌아가서 피타를 만들 때 이스트를 좀 더 넣어 부풀려 봐야겠다. 그런데 이 집 케밥은 이스탄불에서처럼 짜지키 소스 위에 고춧가루와 파프리카 가루를 잔뜩 뿌렸다. 혹시 식당 주인이 터키에서 오셨나?

그 다음 요리는 수블라키. 꼬치 위에 양파와 구운 토마토를 얹었다. 수블라키는 원래 '작은 칼'이라는 말에서 유래했다. 지금은 '꼬치'라는 말이 되었다. 옛날에는 사냥한 고기를 한 입에 먹게끔 작게 잘라서, 칼에 꽂아 불에 익혀 먹다가 이것이 진화해서 꼬치구이가 된 것이다.

이 집의 수블라키의 모습을 보자면, 꼬치는 다 빼고 고기만 피타 위에 올라와 있다. 고기 구울 때 토마토도 함께 그릴에 굽고 이렇게 피타 위에 양파와 함께 올려준다.

식사를 하는데 갑자기 식당 종업원 10여 명이 야외식당 좌석 앞으로 모였다. 영화 그리스인 조르바의 주제곡이 스피커에서 흘러나온다. 그들은 음악에 맞추어 단체로 춤을 추기 시작한다. 10분 정도 격렬하고 신나게 춤을 춘다.

이 식당의 손님들뿐 아니라 지나가는 행인들도 모여든다. 이들의 단체 춤이 끝나자 밖에서 공연을 보던 행인들이 자연스럽게 이 식당의 빈 좌석으로 빨려 들어간다. 단체 춤은 진공청소기다. 이들은 30분 정도 지나서 또 한 번 단체 춤을 선보였다. 사람들이 점점 더 모여들고 밤의 열기는 고조된다.

8. 아크로폴리스

아침 나절 거리 풍경

아테네 도착 후 이틀째 여행이 시작된다. 다니기에 쾌적한 날씨다. 숙소에서 나와 아크로폴리스 근처 식당으로 아침식사를 하러 가는 길이다. 아테네 시내는 오토바이가 많고 차들은 엄청 빠른 속도로 달린다. 건널목에서 신호등이 바뀌기를 기다리고 있는 중이다.

내 옆으로 한 아가씨가 서 있다. 누구를 기다리는지 앞을 보지 않고 차

가 오는 방향을 주시하고 있다. 잠시 후 그녀의 표정이 금세 밝아진다. 길 저쪽에 막 도착한 차를 향해 뛰어간다. 애인이 차를 가지고 온 모양이다. 그녀의 함박웃음이 꽃바람처럼 날린다. 차 안에서 그녀를 바라보는 사내도 웃고 있다. 좋은 아침이다.

지금은 일요일 오전 10시. 동네식당 앞에는 중년사내가 커피를 마시며 무심하게 앉아 있다. 심심해 보인다. 담배를 꺼내 불을 붙인다. 그의 지루한 오전이 막막해 보인다.

일요일이어서 그런지 거리에 사람이 없다. 내 앞에 한 가족이 걸어간다. 30대 젊은 아빠가 유모차를 끌고 있다. 엄마는 앞서가는 아빠에게 뭔가를 계속 얘기하며 걸어간다. 어린 딸이 그 뒤를 따른다. 엄마는 딸을 살피느라 앞뒤로 바쁘다. 아빠는 행진하는 사관생도처럼 그냥 앞만 보고 걷는다.

아크로폴리스를 향해서 올라가고 있다. 이 지역은 여행 안내원들이 세그웨이를 타고 다니며 관광객들에게 서비스를 한다. 마침 근처에 여성 안내원이 세그웨이를 타고 서 있다. J가 얼른 다가가서 그녀에게 길을 물었다. 우리가 가려고 하는 식당 길을 찾고 있었는데 그녀는 친절하게 길을 알려준다. 미소가 예쁘다. 이 여인 때문에 아테네가 더 아름답게 기억될 것이다. 이름은 실물보다 조금 덜 예쁘다. 조지아라고 한다. 거인 같은 이름이다.

아크로폴리스 옆으로 아테네 시내가 내려다보이는 바위 언덕이 하나 있는데 오랜 세월 얼마나 많은 사람들이 다녔는지 표

면이 닳고 닳아서 물 묻은 비누처럼 미끄럽다. 후배 J도 여기서 미끄러지면서 손목을 다쳤다. 여행기간 내내 이 부상으로 고생을 했다. 그런데도 관광객들은 이곳에서 기념사진 촬영을 많이 한다. 바위 언덕을 오르는 계단이 있었으면 좋겠다.

　바위 언덕 저만치에 하얀 모자를 쓴 아름다운 여인이 따가운 햇볕 아래 앉아 있다. 가슴을 반쯤 드러낸 채 핸드폰에 열중한다. 모자의 넓은 챙과 흰색 바탕에 두른 푸른색 띠가 시원하게 시선을 끈다. 인상적인 그녀 모습에 사내들이 이 여인을 포함해서 아테네 시내 사진을 찍는다. 이 여인은 이 상황을 아는 듯 모르는 듯 핸드폰에 집중하고 있다.

바위 아래로 아테네 시내 전체가 펼쳐진다. 서울처럼 나지막한 산들로 둘러싸여 있다. 산들은 푸르지 않다. 대머리가 된 것처럼 심각하게 까져 있다. 주택개발을 너무해서 조그마한 집들로 가득하다.

아크로폴리스의 바위 언덕에서 아테네 시내를 구경하고 이제 식당으로 가야 한다. 점심인지 아침식사인지 시간이 모호하다. 바위 언덕에서 내려오는 길은 계단이 마련되어 안전하다. 여기서 플라카 지역 음식점 거리로 들어가려면 좁은 골목들을 지나쳐야 한다. 소크라테스, 플라톤이 2000년도 더 전에 걸었던 좁은 길을 걸어 내려온다.

골목길을 돌아가는데 한 할머니가 천을 들고 서 있다. 주름 깊은 얼굴에 세월이 묻어 있다. 천을 펼치며 사라고 한다. 천의 주름이 시원하게 펴진다.

골목 귀퉁이에서 흑인 두 명이 기타와 드럼을 친다. 조금 더 걸어가니까 나이 먹은 남녀 둘이 그리스 전통악기인 부주키를 치며 노래를 한다. 이번 여행 중 플라카 지역에 올 때마다 그들은 늘 그 자리에 있었다.

맛집이라고 구글이 알려준 '따베르나'에 도착했다. 제우스 조각상을 닮은 이 식당의 매니저가 낯선 관광객을 활기차게 맞이한다. 금상첨화로 음식 맛도 더할 나위 없이 훌륭하다.

이 식당은 플라카 지역 초입에 있어서 많은 관광객들이 이 앞을 통과한다. 다양한 인종과 연령대의 사람들, 여자와 남자, 행복한 표정 또는 무표정의 사람들, 또 그들이 사용하는 여러 언어들이 이 거리에 섞여 있다. 하루 종일 여기 앉아 있어도 지루하지 않을 것 같다.

이 집에서는 그리스 음식의 기본이랄까, 우리나라로 치면 밥, 된장국, 두부요리, 나물무침 같이 가정에서 흔히 먹는 기본적인 메뉴를 주문했다.

제일 먼저 자이안트콩 요리가 나왔다. 이 콩은 그리스인들이 즐겨먹는 식재료이다. 그리스는 다양한 콩 요리를 자랑한다. 그리스에는 왜 콩 요리가 많을까? 그리스는 주로 산악지대이다. 지도에 새파란 지중해가 눈에 먼저 보이니까 섬나라로 오인하기 쉽다. 물론 섬들도 많지만 우리나라처럼 산이 많아서 대규모 목축업이 발달하지 못했다. 산에서 소규모로 기르는 산염소, 양이나 닭, 토끼 같은 동물이 고작이었다. 그러니 고기가 늘 부족했다.

부족한 고기를 대신하려면 동물의 젖에서 산출할 수 있는 유제품이나  콩에서 단백질을 섭취할 수밖에 없다. 그래서 그리스에서는 치즈, 요거트, 콩으로 만든 음식이 예전부터 발달했고, 사람들은 다양한 방식으로 즐겨 먹게 되었다. 그리스가 해산물도 풍부한 나라이지만 국민 1인당 치즈 섭취가 가장 많은 치즈 강국이라는 것을 아는 사람은 드물다.

왼쪽 사진의 콩 요리는 자이언트 콩으로 만들었다. 이 음식에는 토마토소스, 많은 양의 올리브 오일이 들어간다. 이외에 마늘, 양파 등 채소도 필요하다. 한 마디로 종합 건강식이다. 바삭한 바게트 빵 위에 걸쭉한 이 콩 요리를 올려서 먹으면 맛도 건강도 최고다.

다음은 그리스인들이 가장 흔하게 즐겨 먹는 시금치 파이다. 만드는 방법이 여러 가지인데 이 집은 돌돌 말아서 우리나라 순대처럼 만들어놓았다. 모양은 가지각색으로 만들 수 있다. 보통은 삼각형이다. 겉은 필로(filo)라고 하는 종이만큼 얇은 밀가루 반죽이다. 필로를 여러 겹 사용해서 만들기 때문에 먹을 때 입 안에서 바삭거리며 부서지는 식감이 좋다. 우리나라에서는 아직 생소하지만 그리스뿐 아니라 다른 나라에서도 많이 쓰는 식재료여서 요즘은 냉동식품으로 쉽게 구입할 수 있다.

시금치 파이라고 시금치만 들어 있는 것은 아니다. 페타치즈, 다진 파, 올리브 오일, 기타 허브가 들어간다. 치즈의 짭짤한 맛에 채소들의 합창소리가 들린다. 그리스인들은 아침에 이 파이에 그릭커피 한잔으로 간단한 식사를 하기도 한다.

다음은 파프리카 오븐구이다. 여기에 레몬즙, 오레가노와 엑스트라버진

올리브 오일을 두르고 칼로 썰어 먹는다. 파프리카 껍질이 제법 두꺼워 문어 씹는 맛 까진 아니어도 탄맛과 더불어 제법 쫄깃한 식감을 느낄 수 있다.

그리스에도 우리와 비슷한 호박전이 있다.

그리고 푸짐한 빵이 나왔다.

아담하고 소박한 결혼식장

식당을 나와서 조금 걸어가니 조그많고 예쁜 성당이 나온다. 그곳에 잠시 들렀다. 많은 사람들이 성당 안에 걸려 있는 성인들 사진에 입맞춤을 한다. 한켠에는 사람들이 촛불을 밝히고 그 앞에서 기도를 한다. 조용히 앉아 기도하는 어른들 옆에서 아이들은 지루해서 몸을 뒤틀고 있다.

점심을 먹었으니 이제 본격적으로 아크로폴리스 탐사를 위해 아까 내려왔던 언덕길을 올라간다. 올라가면서 부주키를 연주하던 커플을 또 만났다. 아직도 부주키에 맞춰 슬픔에 복받쳐 노래를 한다. 그들은 온종일 슬프다.

언덕길을 오르면서 아담하고 가정집처럼 따뜻한 느낌이 드는 결혼식 장소를 보게 되었다. 마당에는 신랑신부의 하객들이 모여 있다. 그걸 보니 한국 시골에서 전통 방식으로 결혼하는 모습이 생각났다. 신부가 마당 한구석에 앉아 있고 신부 아버지와 오빠로 보이는 남자 둘이 신부와 이야기를 나눈다.

신랑은 지금 보이지 않는다. 뒷마당에는 신부님 둘이 의자에 앉아 뭔가를 기다리고 있다. 신부의 언니뻘 되는 여자가 아이 둘을 데리고 쩔쩔매는 모습이 보인다. 그녀에게 사진을 찍고 싶다고 하니 흔쾌히 허락한다. 결혼을 축하한다고 했더니 예쁘게 장식한 사탕 한 줌을 봉투에 넣어준다.

다시 언덕길을 오른다. 점심을 맛있게 먹어서 그런지 갈증이 났다. 물을 마시고 잠시 앉아 있어 보니 앞에 무너져가는 건물이 보인다. 이 건물도 유적 가운데 하나일 텐데 시간 앞에 장사가 없다. 아, 옛날이여.

아크로폴리스 입구에서 표를 사고 파르테논 신전으로 올라가는 길이다. 태양은 뜨겁고 다행히 바람이 살짝 분다. 아침부터 많이 걸어서 그런지 조금 힘이 든다. 파르테논 신전은 웅장하고 아름답지만 그 기둥을 세울 때 인간의 노력과 고통은 감히 상상하기 힘들다.

이제 아크로폴리스의 정상에 섰다. 그곳에는 거대한 그리스 국기가 아테네시를 바라보며 힘차게 펄럭이고 있다.

아크로폴리스 관광은 예상보다 시간이 많이 걸렸다. 아침에 바위에서부터 시작한 여행은 오후 4시 40분이나 되어서 끝이 났다. 물론 점심식사와 잠시 휴식을 취하기는 했지만 말이다. 파르테논 신전과 주요 극장을 보고 내려왔다. 잠시 쉬려고 아크로폴리스 뒷문 가까이 있는 카페에 자리를 잡았다. 늦은 오후인데도 많은 사람들이 아크로폴리스를 향하여 걷고 있다.

바깥 풍경을 느긋하게 바라보며 시원한 맥주를 마시고 요거트도 먹었다. 잠깐의 휴식이 맛있는 음식에 대한 욕구를 불러일으켰다. 이제 맛집 순례를 할 시간이다. 사람들은 익숙한 장소를 벗어나기가 힘들다. 호기심을 충족시키기보다 편안하고 따뜻한 안정감이 더 필요할 때가 있다. 지금이 그렇다. 처음 아테네에 도착해서 식사를 한 지역이 이곳 플라카인데 점심에 이어 저녁도 이곳에서 먹을 참이다. 물론 맛집들이 이 지역에 밀집되어 있기도 하다.

처음에 가려고 했던 장소를 갑자기 변경했다. 우연히 들른 소품 가게의 흑인 여자가 이 동네의 한 맛집을 강력하게 추천해주었기 때문이다. 자기가 자주 가는 식당인데 현지인들이 많고 여행객들은 몰라서 거의 없단다. 플라카 지역의 식당들이 관광객 입맛에 맞추느라 그리스음식을 너무 퓨전화하는 것은 아닐까 우려했는데 기대가 된다.

저녁시간에 플라카는 사람들이 진짜 많다. 서울의 홍대앞과 비슷하다. 추천해준 음식점은 화려한 플라카 지구를 살짝 벗어난 외진 골목에 자리 잡고 있었다. 구글은 왜 이런 곳을 안 가르쳐주지? 우린 자리를 잡았다.

메뉴판의 다양한 요리 중에서 문어요리, 돼지고기 스테이크, 그릭샐러드, 대구튀김, 갈릭소스를 주문했다.

문어가 본래 짭짤한데 간이 없다. 우리 동해물이 지중해보다 더 짠가? 레몬의 새콤한 맛을 기대했는데 신맛이 별로 없었다. 조금 실망했다. 기대를 너무 했나 보다.

그리스에서 그릭 샐러드를 먹어본다. 그릭 샐러드도 간이 별로 없었다. 페타와 함께 먹으면 균형이 맞겠다. 그리스인들은 샐러드 위에 짭짤한 페타 치즈를 방패처럼 올려 놓는다. 그리고 엑스트라 버진 올리브 오일을 뿌리고 오레가노를 첨가한다.

돼지고기 스테이크는 돼지갈비구이였다. 간이 진했다. 이 음식은 감자튀김이 친구처럼 동행한다. 그리스인들은 플레이팅을 할 때 멋을 부리지 않는다. 괜히 음식의 네 배나

되는 크기의 접시를 사용하면서 여백에 소스를 뿌리지 않는다. 마치 투박함이 맛을 더해준다는 듯이.

갈릭 소스는 생각보다 새콤하지도 짜지도 않다. 대구튀김은 마늘 소스에 발라 먹는 게 제격이다. 생선류의 튀김은 이 소스와 잘 어울린다.

9. 조르바를 만나러 가는 길

조용한 광장 '아고라'

오늘은 고대 아테네의 중심지 '아고라'를 방문한 다음 아테네 북쪽 '피레우스' 항구 주변의 맛집을 찾아간다. 지금 숙소에서 시내로 나가는 길이다. 길을 건널 때 사람들이 교통신호를 자주 무시한다. 신호를 무시하고 그

들과 함께 길을 건너야 할지 아니면 한국인으로서 끝까지 신호를 지켜야 할지 몇 번이나 망설였다. 곧 그들의 행동을 따르기로 한다.

출근 시간이 지나니 지하철에는 중년 이상의 나이 지긋한 사람들만 보인다. 그리스어 특유의 억양으로 다음 역을 알리는 방송이 나온다. 물론 역 이름만 살짝 들리고 나머지는 '블라블라'처럼 무의미한 소리다. 이럴 때 '아, 내가 외국에 와 있구나!' 하는 느낌을 강하게 받는다.

지하철을 두 번 갈아타고 티시오(thissio)역에 내렸다. 유적지 입구까지

는 역에서 내려 얼마간 걸어야 한다. '아고라'는 유명한 곳이어서 사람들이 많을 줄 알았는데 의외로 한산하다. 천천히 걸어간다. 주변 분위기에 맞게 테이블 위에 오래된 물건들을 쌓아놓고 파는 상인을 볼 수 있다.

테이블 밑에는 개 한 마리가 늘어지게 자고 있다. 늙은 주인과 늙은 개가 대충 진열해놓은 낡은 물건들 속에서 익숙한 듯 무심하게 시간을 보내고 있다. 아크로폴리스의 파르테논 신전이 멀리 보인다. 아주 오래 전 '아고라'는 파르테논 신전 아래 있는 활기 넘치는 장소였다.

'아고라' 입구로 가다보니 분위기 좋은 카페들이 제법 눈에 띈다. 해외에서 온 듯 보이는 여행객들이 여유롭게 커피와 음료를 마시고 있다. 이들은 한 손에 지도를 들고 호기심 어린 눈빛으로 여기저기 기웃거린다.

어느 카페를 지나는데 깊고 묵직한 남자의 말소리가 들린다. 이해할 수 없는 독일 말이지만 부드럽게 귀를 감싼다. 마치 바흐의 무반주 첼로곡 '프렐루드'를 듣는 듯하다. 잠깐이지만 마음이 편안하고 느긋해진다. 낯선 이방인의 말소리에 온몸이 이리 기분 좋게 반응하다니. 살면서 아주 가끔 이런 순간이 있다. 행운의 선물이다.

드디어 '아고라'에 들어갔다. 몇 개의 건물과 황량한 잡초더미 들판이 눈에 들어온다. 순서대로 보기로 했다. 헤파이토스 신전, 중앙 스토아, 아고라 박물관, 그리고 마지막으로 아포스틀레스 교회이다.

잡초가 무성하게 자라고 있는 빈터를 지나간다. 이곳은 고대 아테네 시절 상점들이 줄지어 있었던 장소이다. 안내서에 그런 설명이 없다면 아무도 그렇게 생각하지 못할 것이다.

박물관에는 이름 모를 조각상들이 많이 서 있다. 모든 조각상들은 팔이나 다리 또는 목이 잘리고 코가 없기도 하다. 누가 이렇게 훼손했을까? 누구에게는 소중한 것이 또 다른 이에겐 아무 것도 아닌, 없어져야 하는 것이 되곤 한다.

박물관에서 본 것 중에 흥미를 끄는 것이 있다. 그리스의 도자기 문양이 우리 전통 문양과 닮았다는 것이다. 혹시 우리가 그리스인들에게 이 문양을 전파한 것은 아닐까? 그건 아니다. 이 문양은 그리스 신화에 나오는 괴물 미노타우르스를 가두기 위해 만든 미로의 모양을 본떠서 만든 것이다. 옛날 옛적 그리스 문양의 한 조각이 민들레 홀씨처럼 바람타고 한국으로 날아온 것일까?

'아고라' 지역에서 나와 지하철을 타고 아테네 북단에 있는 피레우스 항구로 향했다. 오늘은 평범한 식사보다는 해물 전문집에서 신선한 지중해 요리를 맛보기로 했다. 피레우스 항구 주변에 해물 음식을 잘하는 집이 있다고 이곳에서 오래 사셨던 교포 한 분으로부터 들은 적이 있다.

피레우스 항구에서 조르바는 떠났다

항구로 가는 전철을 타기 위해 '아고라'에서 나와서 걸었다. 전철역까지는 두서너 개의 식당, 카페, 기념품 판매대 등이 군데군데 있다. '아고라' 입구 주변은 우리나라 관광지처럼 반짝반짝하게 상업화되지 않았다. 조금은 낡고 닳은 모습들이 오히려 마음을 편하게 한다.

전철역으로 들어섰다. 얼마 안 있어 항구로 가는 전철이 들어온다. 전철 외부가 낙서투성이다. 전철 내부도 낙서로 어지럽다. 좌석이 서로 마주보며 가까이 앉아 있게 되어 있다. 터키의 트램도 좌석 배치가 이렇게 되어 있어서 좀 불편했던 기억이 난다. 웬 늙은 여인이 전철 안에서 큰 소리로 외친다. 뒤를 돌아보니 볼펜을 팔고 있다.

피레우스역에 내렸다. 이 항구에 두 번째 온다. 10년 전에 처음 왔을 때는 여기서 밤배를 타고 크레타 섬으로 떠났다. 그 배는 밤 12시경 출발해서 새벽 5시쯤 크레타 섬의 '이라클레온'에 도착했었는데 이번에는 비행기로 갈 것이다.

전철역을 막 나오니까 바로 앞에서 노인 둘이 수레 위에 '쿨쿠리' 빵을 쌓아놓고 판다. '살려면 사고 아니면 말고' 하는 표정이다. 1유로에 내 영혼을 팔지 않겠다는 듯이.

쿨쿠리는 그리스인들이 아침에 즐겨먹는 빵이다. 겉은 깨가 박혀서 맛이 고소하고 씹을 때 바삭거린다. 속은 쫄깃하면서도 부드럽고 담백한데 자꾸 손이 가는 빵이다. 가끔 이 빵과 커피 한 잔 생각이 간절할 때가 있다.

터키의 시미츠 빵과 모양도 맛도 같다. 길거리에서 '무심'하게 빵을 판매하는 방식도 터키와 닮았다. 사람이 많이 다니는 지하철역이나 사거리 모퉁이에서 흔히 볼 수 있다. 오스만제국 시절에 그리스로 전래된 빵이다.

전철역 밖으로 나오니 항구 앞에 상가들과 인파로 상당히 혼잡하다. 배달 오토바이가 눈에 많이 띈다. 이곳도 배달문화가 들어와서 우리의 '빨리 빨리'가 곧 정착되겠다는 느낌을 받았다.

역에서 길을 건너 피레우스항구에 들어왔다. 조금 전까지 보았던 삶의 현장은 어느새 사라지고 산뜻하고 확 트인 바다 풍경이 눈앞에 펼쳐진다. 정박해 있는 선박들 위로 갈매기가 날고 푸른 지중해가 출렁인다. 이 항구 는 소설 『그리스인 조르바』의 배경이 된 장소이기도 하다. 소설은 이렇게 시작된다.

"항구도시 피레우스에서 조르바를 처음 만났다. 나는 그때 항구에서 크레타 섬으로 가는 배를 기다리고 있었다. 날이 밝기 직전인데 밖에서는 비가 내리고 있었다. 북아프리카에서 불어오는 시로코 바람이, 유리문을 닫았는데도 파도의 포말을 조그만 카페 안으로 날렸다.”

그러니까 지금 내가 서 있는 어디쯤에 그 조그만 카페가 있었고 밖은 비바람이 몰아쳤다는 이야기다. 오늘은 날씨가 좋아서 소설의 첫 장면 같은 음울한 항구가 아니다.

항구 근처에서 점심을 먹기로 했다. 지중해에서 건진 신선한 해물로 만든 요리는 과연 어떤 맛일까? 기대가 된다. 그러나 아테네에 오래 계셨던 분이 추천했던 '역 주변 맛집'을 찾기는 불가능했다. 구글을 통해서 맛집을

찾아야 했다. 잠시 후 교통편, 소요시간 등을 알 수 있었다. 버스도 타야 했고 한참 또 걸어야 한다,

버스 정류장에서 기다리면서 그리스제 초코바를 사먹었다. 점심 먹을 시간이 지나서 그런지 무척 맛있다. 버스를 타고 20분 정도 가서 내렸다. 9월 초 그리스 날씨는 우리나라의 여름처럼 덥다. 배낭이 닿은 등에 땀이 차기 시작한다.

오래되고 낡은 3층 아파트가 길을 따라 늘어서 있고 그 길을 따라 걸어간다. 주위가 너무 조용해서 내 발자국 소리가 크게 들릴 정도이다. 이 동네 전체가 '동작정지' 마술에 걸린 것 같다. 시계마저 멈추고 사람들은 모두 깊은 낮잠에 빠졌다.

지금 걷고 있는 동네가 진짜 그리스의 모습이 아닐까 싶다. 조용하고 단조롭고 평화롭고 느리다. 여행안내서에는 소개되지 않아 일반 관광객들은 좀처럼 올 수 없는 거리이다. 그저 산토리니 같은 유명한 데 가서 사진 촬영하고 수블라키 먹고 돌아온다면 그리스 여행의 본질을 한참은 놓치는 것이다.

계속 걸어가는데 식당은 좀처럼 보이지 않는다. 배가 좀 고팠지만 도 닦는 기분으로 걸었다. 불교에서는 앉아서 선을 수행하면 '좌선(坐禪)'이라는데 이렇게 걸으면서 마음을 닦으니 '보선(步禪)'이라고 할까?

아파트 입구에 개 한 마리가 네 다리를 쭉 뻗고 늘어지게 자고 있다. 개

들은 길에서 대개 이 자세로 '주무신다.' 그리스에서는 어디서나 개들이 평온하게 잠을 잔다. 이스탄불에서도 개들이 유독 길에서 숙면을 취하는데 보드랍고 나른한 지중해 바람이 그들을 무장 해제시키나 보다.

버스에서 내려 30분 정도 걸었는데 드디어 바다가 보인다. 해안을 따라 한 여자가 조깅을 하며 다가온다. 군살 없는 마른 체형인데 미간에 주름이 깊다. 그녀의 거친 호흡 소리가 잠시 들리더니 등 뒤로 사라진다. 그녀의 폐속으로 해안의 푸른 공기가 들어간다. 그리고 무거운 회색 공기를 밀어낸다.

2018. 김선우

저 멀리 파란 하늘과 맞닿은 지중해 수평선의 양끝이 약간 휘어 보인다. 하늘과 바다, 둘 다 파란데 바다가 더 짙다. 그 위로 배들이 그림처럼 떠 있다. 그런데 조금 있다가 다시 보면 배의 위치가 바뀌어 있다. 나만 움직이는 게 아니다. 그들도 움직인다.

이제 서서히 음식점들이 보이기 시작한다. 해안을 따라 음식점들이 즐비하게 서 있다. 그러나 대부분의 음식점은 한산하다. 우리가 찾던 식당이 드디어 나왔다. 이 식당은 다행히 손님들이 절반 이상 차 있다. 손님들은 대체로 중년 정도의 나이로 보인다.

예순 중반의 웨이터가 인사를 하며 메뉴판을 준다. 이번 여행을 하면서 느낀 것은 홀 서빙을 하는 연령대가 젊은이보다 노인층이 더 많다는 거다. 그들에게는 톡톡 쏘는 생기발랄함은 부족하지만 노련함과 세련미가 묻어 있다.

이 식당에서는 '메제(Meze)'에 해당하는 음식을 주문하기로 했다. '메제'는 그리스를 포함해서 터키, 레바논 등 지중해권의 나라들이 가지고 있는 특별한 음식문화다. 만약에 친구나 가까운 친척 등이 늦은 오후시간에 갑자기 집을 방문했다고 치자. 저녁 식사하기에는 이르고 그냥 보내기엔 아쉬울 때 막걸리 한 잔과 추석 때 먹다 남은 전이나 생선을 내놓을 수 있을 것이다. 추석 시즌이라면 말이다. 이렇게 술 한 잔 하면서 먹는 간단한 술안주 정도의 음식을 '메제'라고 한다.

음식이 중요한 게 아니라 이렇게 아무렇지도 않게 방문을 할 수 있고 기꺼이 시간을 내주면서 술과 음식을 제공하는 '문화'가 중요하고 특별한 것이다. 우리도 예전에는 이런 문화 속에 살았지만 지금은 엄두도 못 낸다.

그리스에서는 술과 '메제'만 전문으로 하는 식당도 있다. '메제'는 종류가 대단히 많다. 그리스인들은 빵을 좋아하니까 빵에 바르거나 찍어 먹는

소스류가 그것들이다. 대표적인 것이 짜지키 소스, 마늘 소스, 콩으로 만든 하머스, 가지 소스 등이다.

해물류에는 작은 정어리 튀김, 오징어 튀김, 오징어순대, 양념한 엔쵸비, 문어 구이나 조림, 새우 사가나키 등 여기서 다 열거하기 힘들 정도로 많다. 그리고 고기류에는 미트볼, 수블라키 등이 있고, 파이류에는 시금치 파이, 치즈 파이 등 필로라는 얇은 밀가루 반죽으로 만든 파이들이 있다.

주문한 첫 번째 음식인
레드페퍼를 이용한 페타
치즈, 양념한 엔쵸비가 나
왔다.

다음 음식은 오징어순
대이다. 먹는 데 열중하느
라 오징어의 꽁지 부분만
촬영하게 되었다. 그리스
식 오징어순대이다. 사진
속의 하얀 점박이들은 그
리스인이 즐겨먹는 페타
치즈다.

가지 소스는 가지를 오
븐에 구워서 껍질을 벗겨
낸 속살 부분만 긁어서
만든 것이다. 지중해의 가
지는 우리 것보다 훨씬 굵
어 소스를 만들기 좋다.
마늘, 올리브 오일, 레몬
즙을 넣기 때문에 새콤하
고 고소하다. 빵, 채소 등
에 발라 먹는다. 연어 스
테이크와도 잘 어울린다.

새우 사가나키는 토마토소스, 페타치즈, 아니스 향을 내는 우조 몇 방울, 엑스트라버진 올리브 오일로 맛을 낸 새우 요리이다. 사가나키는 손잡이가 두 개 달린 납작한 '냄비'라는 그리스 말이다. 여러 가지 향이 섞인 토마토소스가 풍미를 더한다. 새우도 먹고 소스는 빵에 발라먹기도 하고 그냥 떠먹기도 한다. 그런데 이 집은 소스에 있어야 할 '아니스 향'이 거의 없고 간이 조금 심심하다.

예상했던 대로 훌륭한 한 끼 식사였다. 지금 다시 해안선을 따라 피레우스역에 가기 위해 버스정류장으로 걸어간다. 날씨는 여름처럼 덥다. 왼쪽으로 바다가 보이고 해수욕하는 사람들이 보인다. 출렁이는 푸른 바다에 들어가고 싶다. 피레우스역으로 가는 버스를 타자마자 단잠이 들었다.

그리스에도 도가니탕이 있다

피레우스에서 다시 아테네 중심지로 돌아와 아테네 중앙시장으로 들어갔다. 시간은 6시가 가까워져 파장 분위기였지만 10년 전에 왔던 그 도가니탕 집을 찾아갔다. 그 당시 사장이었던 아버지는 은퇴하고 그의 딸이 운영하고 있었다.

그리스 식 도가니탕인 '빠샤'를 시켰는데 변함없이 맛있다. 식탁 위에는 고춧가루 통이 놓여 있다. 그리스인들도 얼큰한 맛을 알고 즐긴다.

　10년 전 이 집에 왔을 때 주방장과 함께 사진을 찍었다. 이번에 다시 와 보니 그만두셨다고 한다.

　동네를 어슬렁거리며 걸어 다녔다. 아테네 뒷골목은 10년 전에 비해서 거의 변하지 않았다. 저녁 시간 아테네 뒷골목은 조용하다. 바글거리는 도로변과 달리 사람이 없다. 대부분 상점들도 셔터를 내린 상태이다.

　신타그마 광장에 도착했다. 역시 이곳은 다른 곳에 비해 사람이 많다. 광장 가운데에는 분수가 있다. 그 주위에 사람들이 몰려 있다. 혼자 조용히 누군가를 기다리거나 삼삼오오 얘기를 나누고 있다. 분수가 처음에는 꺼져 있었는데 이제 물을 뿜기 시작한다. 그리고 마치 분수가 "움직여!"라고 소리친 것처럼 더 많은 사람들이 광장으로 몰려오고 활기차게 움직인다.

지금 신타그마의 한 카페에서 일을 마친 아테네 시민처럼 앉아 있다. 내가 '아테네 시민처럼'이라고 한 것은 카페에 앉아 있는 이들의 표정이 여유롭게 보였고 그것이 보기 좋고 부러웠기 때문이다. 이들과 섞여 따뜻한 커피를 마시면서 '나는 왜 여유가 없지?'라는 생각을 해본다. 나한테 던지는 뜻밖의 질문에 답을 못 하고 만다.

커피 맛이 쌉쌀하면서도 달달하다. '프라페'라고 한다. 커피 이름이 예쁘다. 데이트하는 남녀, 수다 떠는 여자들, 회사에서 막 탈출한 것 같은 젊은 이들로 거리는 점점 분주해진다.

카페 탁자 위에는 촛불이 타오르고 있다. 이렇게 아테네에서의 시간은 흘러가고 있다. 이곳의 날씨는 지금 춥지도 덥지도 않다. 온도를 거의 느끼지 못할 정도로 쾌적하다. 이 작은 골목에 있는 카페에서 2시간은 있었나 보다.

오늘 저녁 식사는 어제 점심을 먹었던 곳으로 다시 한 번 가기로 했다. 왜냐하면 이 식당이 전체적으로 음식 맛이 좋고 어제 먹지 못한 음식도 맛보고 싶었기 때문이다. 이 카페에서 20분 정도만 걸어가면 된다.

이 식당은 저녁시간에 오니까 손님들이 낮보다 더 많다. 악사 둘이 신나는 곡을 연주해서 여행객들의 들뜬 마음을 더욱 부풀게 한다. 손님들로 꽉 차서 간신히 자리를 잡았다.

이 집은 그리스 음식을 완전히 대중적으로 만들어 어느 나라 사람이 와서 먹어도 만족할 수 있도록 적절한 맛을 낸다. 그리스의 전통적인 맛을 고집하는 사람은 불만이 있을지 모르겠다.

저녁 메뉴로 채소 요리
인 '호르타'와 돼지고기 요
리를 주문했다. 채소 요리
가 먼저 나왔다. 호르타
(Horta)라고 하는 이 음식
도 그리스인들이 좋아하고
즐겨 먹는 요리다. 이번 여
행 기간 중에 최소 한 번
은 더 먹을 작정이다. 초록
색 채소를 충분히 익혀서
레몬, 올리브 오일 등과 함
께 먹는다. 호르타 채소로
는 시금치가 만만하다. 양
고기와 먹으면 좋다. 우리
가 고기 먹을 때 야채 쌈
을 먹는 것과 비슷하다.

돼지고기 요리가 그 다음에 나왔다, 돼지고기를 그리스에서 먹은 적이
별로 없어서 돼지고기를 이용한 메뉴를 찾았다. '그린 페퍼와 돼지고기'이
다. 그리스인들의 조리 패턴으로 볼 때 토마토소스를 이용할 거라는 생각
이 들었다.

맞았다. 돼지고기를 약간 두껍게 썰고 팬에 미리 익힌 다음에 여러 채소
를 넣고 토마토소스와 함께 열을 가해서 뭉글하게 조리한다. 빵을 국물에
찍어 먹으니 구수하고 좋다. 한국인들에게는 약간 매콤하게 만들면 더 좋
을 것이다.

식사를 마치고 내일을 위해 서둘러 자리를 떴다. 숙소까지 걸어갔다. 30분 정도 걸을 것이다. 내일은 코린토스로 간다. 차를 렌트할지 말지 고민하다가 경비나 안전성 등을 고려해서 대중교통을 이용하기로 했다.

10. 시지푸스산이 보인다

코린토스에는 왜 가니?

지금 기차를 타고 코린토스로 가는 길이다. 코린토스는 한국에서 '고린
도'라고 부르기도 한다. 왜냐하면 초베스트셀러인 성경책에서 그렇게 부르

니까. 하지만 이 책에서는 본래 발음대로 '코린토스'로 한다.

국내 여행안내서에는 'Must' 코너가 대체로 있다. 어디는 꼭 가봐야 한다, 어딜 가면 꼭 무얼 사라, 먹어봐야 한다, 체험해야 한다는 설명이 적혀 있다. 무슨 기준으로 그렇게 강력 추천을 하는지 알 수는 없다. 이걸 보고도 무시하고 넘어가는 게 쉽지는 않다. 사람들은 의외로 활자화된 말을 잘 믿는다. 내게는 코린토스가 그런 경우이다.

이렇게 추천한 곳을 가고, 사고, 먹고, 책에서 읽은 대로 체험하고 돌아온다. 그리고 코로나19 슈퍼 전파자처럼 페이스북이나 인스타그램 등에 사진과 글을 마구 퍼 나른다. 이러는데 그곳이 명소가 되지 않고 배길 것인가?

코린토스도 아테네 지역을 들르면 '꼭' 가야 하는 곳이라고 여행안내서에 나와 있다. 그리스 여행 후에 거길 안 가봤다고 하면, "어마! 어떻게 거길 안 갔어?"라고 물을 것이다. 이게 겁이 나는 것은 아니고 정말 그렇게 좋은 곳인지 궁금했다.

차창 밖으로 집들이 아주 가끔 보이고 크지 않은 공장들은 자주 보였다. 이 지역을 공장지대라고 부르기에는 규모가 너무 작고, 그렇다고 농촌도 아니고, 어떤 지역이라고 꼬집어 말하기가 참 애매하다. 평범하고 지루한 풍경들이 계속 지나간다. 간간이 바다가 보인다. '왜 반드시 이곳을 와야 할까?' 하는 마음이 지금부터 뭉글뭉글 올라온다.

2시간 가까이 기차를 타고 오면서 승객들이 차례차례 많이 내렸다. 이 제는 차내에 사람이 별로 없다. 기차는 터널을 통과하고 있다. 맞은편 좌석의 젊은 청년은 창에 온 얼굴을 문지르듯이 기대며 정신없이 잔다.

승무원이 표를 검사하고 구멍을 뚫고 간다. 오래 전 우리나라 기차에서 보던 추억의 장면이다. 아직도 코린토스까지는 20분 정도 남았다. 이제 기차는 완전히 해안을 끼고 달린다.

코린토스역에 내렸다. 역 주변인데도 버스나 택시가 접근할 수 있는 주차장 같은 공간이나 정거장 표시가 전혀 보이지 않는다. 목적지까지 걸어가야 하나 보다. 멀리 시지푸스산이 보인다. 말로만 수없이 들었던 고난의 상징이다. 주변은 온통 황량한 벌판이다.

코린토스 시내를 향해 걷다보니 길 왼쪽으로 현대자동차 대리점 건물이 커다랗게 보인다. 이런 곳에서 우리나라 기업의 간판을 보니 반갑다. 그것

도 그렇지만 일단 이 흰 건물이라도 벌판에 서 있으니 썰렁함을 덜어준다. 하늘에는 구름 한 점 없다. 온통 파랗다.

먼지 풀풀 나는 시골길을 한참 걸었다. 이번 여행으로 다리가 튼튼해질 것이다. 아니, 벌써 튼튼하다. 도대체 어디에 코린토스 유적지로 가는 차가 있을까? 아무런 표시가 없으니 알 수가 없다. 또 한참 걷다보니 각종 채소와 과일 등 싱싱한 먹거리를 파는 대형마켓이 보인다. 한 여자가 식품을 사서 차에 싣는다. J가 다가가서 버스 타는 곳이 어디냐고 물었더니 그녀는 활짝 미소 지으며 아주 친절하게 가르쳐준다.

내가 J에게 그동안 궁금했던 것을 물었다.

"왜 젊은 여자한테만 길을 물어?"

"형, 젊은이들이 영어를 잘하고요, 남자보다 여자들이 친절해요."

J가 대답한다. J는 참으로 합리적이고 논리적인 사람이다.

버스정류장에서 유적지로 가는 버스표를 샀다. 시간이 40분 남짓 남았다. 아침 먹을 곳을 찾으러 주위를 한 바퀴 돌았다. 시간이 없어 정류장과 가까운 곳으로 가야 했다. 아침 식사와 커피도 마실 겸 근처에 보이는 베이커리 카페에 들어갔다.

전문 빵집이다. 엄청나게 많은 종류의 빵이 선반과 진열대에 놓여 있다. 이 많은 빵들이 오늘 내로 다 팔릴지 궁금해진다. 유적지에서 점심으로 먹을 빵도 여유 있게 샀다.

구수한 빵과 갓 내린 커피 냄새가 너무 좋다. 베이커리 밖에 테이블이 있어 그곳에 앉았다. 시금치 파이인 '스파나코피타', 치즈 빵인 '트로피타'와 참깨가 박힌 그리스 아침 빵 '쿨루리'로 간단한 아침식사를 했다. 쿨루리를 씹으면서 코린토스 길거리를 바라보았다. 커피는 아메리카노로 마셨다. 으음… 이런 낯선 곳에서의 커피 향은 이곳만의 공기와 섞여서 아주 특별해진다. 일상에서 아주 멀리 떠나왔음을 문득 깨닫는다.

쿨루리는 그리스 어디서나 쉽게 볼 수 있는 빵이다. 아테네 시내에서도 노점상들이 시내 곳곳에서 이 빵을 판다. 대표적인 길거리 음식이다. 맛은 고소하면서 담백하다.

유적지로 가는 버스에 올랐다. 커다란 버스가 좁은 골목을 꽉 채운 채

커브 길을 잘도 돌아나간다. 거의 묘기 수준이다. 시내를 벗어나서 시원하게 달리기 시작한다. 창문 밖으로는 잠깐 바다가 보였다 사라진다.

시골길 정류장에서 할머니 한 분이 올라섰다. 버스 앞쪽에 앉아 있는 두 할머니에게 다가가서 수다를 떨기 시작한다. 우리나라 시골 버스에서도 자주 보는 장면이다.

버스는 시골길을 잘도 간다. 하늘에는 하얀 구름이 뭉게뭉게 떠 있고 저 멀리 고난의 산 시지푸스가 우뚝 서 있다. 맨 앞에 앉았던 청년이 내렸다. 이제 승객은 몇 사람 남지 않았다. 내 앞의 할머니는 또 대각선에 있는 다른 할머니와 이야기를 나눈다. 군부대 앞에서 두 할머니가 내린다. 이민 떠날 때처럼 헤어지는 인사가 길다. 언덕에는 제법 큰 집들이 반듯하게 놓여 있다. 다시 버스는 구불구불한 길을 헉헉거리며 달려간다.

할머니 두 분이 또 내리신다. 이곳에는 민박집이 많이 보인다. 좁은 길을 하염없이 버스는 올라간다. 이 동네에서 가장 높은 집을 지나서 이번에는 내려간다. 버스기사는 신나는 그리스 대중음악을 틀어놓고 고개를 흔들며 흥겹게 운전을 한다.

아폴론 신전 앞에서 잠든 개

버스에서 내려 코린토스 고고학 박물관으로 갔다. 박물관 안에는 당시 사람들의 생활상을 알 수 있는 여러 가지 조각과 그림들이 있다. 조각상들은 대부분 신체 일부가 훼손되어 있었다. 이것들은 개인 소장품이었는데 이사를 갈 때 무게 때문에 머리 부분만 가져가 그곳에서 다시 만든 몸체와 결합하였다고 한다. 또 인물 조각들의 코나 성기 부분이 훼손된 것은 그리스에 기독교가 들어오면서 우상숭배를 없애기 위해서였다고 한다.

박물관에서 나와 코린토스의 옛 도시 터를 걸었다. 오래된 대리석 보도 사이로 푸른 잡초가 불쑥불쑥 솟아 있다. 신약성경에 등장하는 고린도(코린토스)는 로마 제국에서는 번화한 도시였지만, 지금은 그리스 유적으로 남아 있을 뿐이다.

이곳은 사도 바울이 세운 '고린도 교회'로도 유명한 기독교 성지 가운데 하나이다. 그 옛날에 바울이 살던 당시 시지푸스산에는 창녀나 다름없는 여사제가 천 명이나 있었다고 한다. 저 산 위에서 어떤 일들이 벌어졌는지 상상만 할 뿐이다.

그리스 정교회 신자 스무 명 정도가 아까 우리가 이곳에 왔을 때부터 성가를 부르고 있었는데 지금은 조용하다. 이제 우리는 아폴론 신전 쪽으로 가고 있다. 멀리 바다를 배경으로 아폴론 신전이 보인다. 이 동네 개 두세 마리가 주변에서 어슬렁거린다. 개 한 마리는 세상 편하게 다리를 쭉 뻗은 채 자고 있다.

또 다른 개 한 마리가 계속 따라온다. 벤치에 잠시 앉았다. 아침에 사왔던 빵을 먹다가 조금 뜯어 주었다. 냄새만 맡다가 먹지는 않고 어디론가 향한다. 따가운 가을 햇볕 아래 홀로 걸어간다. 유적지는 관광객조차 없이 텅 비어 있다.

역에서 멀리 보였던 시지푸스산이 가깝게 보인다. 그 유명한 시지푸스가 돌을 굴려 올리던 산이다. 시지푸스는 코린토스의 왕이자 신화 속 인물이기도 하다. 신들의 노여움으로 영원히 굴러 떨어지는 바위를 산 위로 끌어올리는 형벌을 받았다. 경사가 상당해서 왜 이곳을 배경으로 시지푸스의 신화가 나왔는지 알겠다.

한낮의 태양이 뜨겁다. 오래 걸었더니 갈증이 난다. 숙소에서 가져온 물은 동이 났고 물을 파는 곳도 없다. 박물관에 있는 수도시설에서 시원한 물을 마실 수 있었다. 시지푸스산에서 나오는 물이라고 하니 더욱 시원하다.

코린토스 시내로 돌아가는 버스를 탔다. 에어컨이 나와서 버스 안은 시원했고 승객은 우리 셋과 또 한 남자가 있을 뿐이다. 버스길이 좁아서 차 한

대만 다닐 수 있다. 조금 지나자 정거장마다 사람들이 조금씩 올라탄다.

아까 코린토스에서 이곳 유적지로 올 때 같은 버스를 타고 J 옆에 앉았던 아가씨가 또 이 버스에 오른다. 방긋 웃으며 J의 옆 좌석에 앉는다. 코린토스시로 또 나가나 보다. 다음 정거장에서 또래 남자 친구 다섯 명이 버스에 오르자 그녀는 그들 쪽으로 좌석을 옮겼다. 10대 후반으로 보이는 이들의 재잘거림과 웃음소리로 조용했던 버스가 시끌벅적해졌다.

버스에서 한참 졸다 보니 아까 아침에 버스가 출발한 곳에 다시 왔다. 코린토스 신시가지에 있는 버스터미널에 도착한 것이다. 시간이 조금 남아서 커피를 마시러 오전에 들렀던 베이커리로 다시 걸어가는데 9월의 해가 몹시 따갑다. 뜨거운 커피를 한 잔 마시고 코린토스 운하로 떠나는 버스에 올랐다.

뒤쪽 좌석에서 소녀들의 재잘대는 말소리가 들려온다. 그들의 그리스말은 새털처럼 가볍고 부드럽다. 버스 기사는 거의 마술에 가까운 기술로 골목길 커브를 돈다. 드디어 버스는 좁은 골목을 벗어나 운하로 향하는 큰길로 들어섰다.

코린토스 운하에 왔다. 생각보다 깊고 웅장하다. 요트 한 척이 운하 저편에서 다가오고 있다. 여기서 번지 점프도 한다고 하는데 지금은 비수기라 하지 않는다. 이것 외에는 볼 것이 없다. 운하 맞은편에 있는 휴게소에서 쉬다가 아테네 행 버스에 올랐다.

아테네 뒷골목을 걷다

아테네에 도착했다. 오늘의 맛집을 가기 위해 옴모니아 광장과 아테네 중앙시장 사이의 골목길을 걷고 있다. 좁은 길에 차들이 다니고 많은 사람들이 그 길을 걷고 있어서 매우 혼잡하다. 길가에 누워 자는 사람들, 버린 옷을 줍는 사람들, 심지어 마약을 하는 사람들도 보인다.

어떤 지역은 중국무역회사 간판이 줄지어 붙어 있다. 차이나타운을 연상하게 한다. 건물들이 오래되고 지저분한 지역을 계속 걸어가고 있다. 구글은 어쩌자고 이 지역에 맛집이 있다고 했을까? 도대체 어떤 맛집일까 몹

시 궁금해진다.

이런 생각을 할 즈음에 찾던 식당이 보였다. 들어가 보니 오랜 전통이 느껴졌다. 이 집은 소시지나 햄을 직접 만들어 사용한다. 식당 프론트에 여러 종류의 햄과 소시지가 주렁주렁 달려 있다. 와인 안주로 괜찮을 것 같은 요리를 주문했다.

차가운 감자 샐러드가 먼저 나왔다. 머스터드와 딜이 잔뜩 섞여 있다. 레몬즙과 머스터드 때문에 새콤한 맛이 강하다. 이번 여행 중에는 감자 샐러드를 다른 식당에서도 먹어볼 계획이다. 다음으로 그리스 식 미트볼인 '케프테데스'가 나왔다. 바닥에 피타 빵을 깔고 미트볼을 올렸다. 물론 요거트와 파슬리 등으로 가니싱을 했고 레몬즙도 잊지 않고 뿌렸다. 그리스인들은 요리를 마치고는 어떤 음식이든 그 위에 '엑스트라버진 올리브 오일'을 둥그렇게 뿌린다. 마치 "맛있게 해주세요."라고 주문을 하는 것 같다. 미트볼은 쿠민 향이 조금 강했다.

다음은 가지 구이가 나왔다. 밑에 가지 슬라이스를 깔고 토마토와 양파 등을 뿌린 다음 페타치즈를 큼직하게 썰어서 토핑을 했다. 그리고 오븐에 굽는다. 가지는 간이 강했다. 치즈 맛은 부드럽지만 레몬즙을 뿌려서 매우 새콤하다. 마지막에 바질을 얹는다.

그리스인들의 가지 사랑은 못 말린다. 우리나라는 가지를 먹는 방식이 주로 쪄서 나물을 해 먹거나 팬에 볶아 먹는 게 고작 아닌가. 이들은 가지를 가지고 소스, 절임, 튀김, 찜 등 많은 메뉴를 탄생시켰다. 그리스 말고도 지중해 주변 나라들이 가지를 즐겨 먹는다.

이 집에서는 작정을 하고 가지 요리를 시켰다. 이번 것도 가지와 토마토 소스와 페타의 만남인데 형태가 조금 다르다. 페타를 오븐에 녹이지 않고 그냥 부수고 뿌렸다. 가지를 조각냈는데 소스가 살짝 매운 맛이 났다.

쇠고기 요리가 나왔다. 위에 너트를 많이 뿌렸다. 쇠고기는 허물어질 정도로 오랜 시간 동안 찜을 했나 보다. 감자를 얇게 썰었고 간이 잘 배어 있다. 가지와 호박은 완숙시켜 부드럽다.

이 집의 디저트는 플레인 요거트와 당근 그리고 꿀이다. 디저트마저 완전 건강식이다.

이 집에서 식사를 하고도 J와 M은 어제 먹었던 그리스 도가니탕이 생각난다고 한다. 나도 물론 환영이다. 도가니탕 집이 있는 아테네 중앙시장으로 향했다. 지금 이 식당과 아테네 중앙시장의 도가니탕 집이 그리 멀지 않았다. 그 집에서 내장탕과 도가니탕을 시켰는데 그 맛이 명불허전이다. 더 이상 말이 필요 없다. 만족한 식사를 한 후에 발걸음도 가볍게 숙소로 향한다. 오후 7시다.

숙소로 가려면 모나스티라키 광장을 거쳐야 한다. 이 광장에는 과일 파는 노점상도 있고 젊은이 늙은이 할 것 없이 무지하게 사람들이 많이 모여 있다. 사람들은 혼자 있는 것을 힘들어 한다. 광장에서 기타를 치며 노래하는 젊은이는 흘러간 팝송을 정말 잘 불렀다. 한참 그 노래에 취해 있는데 M의 전화가 울린다. M은 나에게 전화기를 건네주며 요르고스라고 한다.

"조르바, 어딥니까?"
"반갑습니다. 요르고스, 여긴 아테네 모나스티라키 광장입니다."
"노래소리도 들리고 역시 아테네이군요. 일정에 따르면 내일 크레타에 오시지요?"
"네, 이라크레온에 낮에 도착합니다. 자세한 시간은 체크해 봐야겠네요."
"크레타에 오시면 연락주세요. 근사한 곳에서 와인 한잔 합시다."
"알았습니다. 연락드리죠."
"꼭 연락주세요."

요르고스가 말만 요란하고 연락은 하지 않을 줄 알았다. 그런데 정말 전화를 했다. 그의 집은 아테네에도 있지만 다른 한 집은 크레타 섬 '이라클레온'과 '하냐'의 중간쯤에 있다고 했다.

11. 크레타는 여전했다

추억의 이라클레온

아테네에서 4일간 머물다 이제 크레타로 간다. 비행기를 타러 아침 일찍 공항으로 가는 길이다. 본래 밤배로 가려 했는데 시간을 벌기 위해 항공편을 이용하기로 했다. 대략 하루 정도 시간을 아낄 수 있다. 지하철역 앞 빵 노점상이 하품을 한다. 아침 일찍 출근하고 밤늦게까지 있는 모습을 며칠간 보았다. 그의 피곤한 일상이 눈에 선하다.

현재 시각은 7시 20분. 출근하는 시민들의 발걸음이 바쁘다. 도시의 아침은 모두 바쁘다. 많은 사람들이 역에서 들어오고 나간다. 지하철은 사람들로 이미 꽉 찼다. 신타그마역에서 내려 공항까지 가는 전철로 갈아타야 한다.

공항까지 가는 지하철 안이다. 자리가 나서 앉았는데 맞은편 여자가 나를 빤히 쳐다본다. 가까운 거리여서 부담스럽다. 눈을 내리 깔았다가 다시 고개를 들어보니 또 쳐다보고 있다. 아예 눈을 감았다.

공항에 도착했다. 항공편이 '엘린'항공인 것을 '에게이안'항공으로 착각하고 엉뚱한 체크인 데스크로 가는 바람에 시간이 지체되었다. 덕분에 비행기 탑승 때까지 여유 없이 서둘러야만 했다.

사람의 본성이 어디론가 떠날 때는 이유 없이 설레나 보다. 크레타 행비행기가 아테네 공항에 앉아 있는 모습을 보니 마음은 벌써 크레타에 가 있다. 잠시 후 아테네를 뒤로 하고 크레타로 떠날 것이다. 하늘도 지중해처럼 푸르고 투명하다.

드디어 비행기가 힘차게 하늘로 오른다. 옆에서 사진을 찍으면 비행기는 비스듬한 상향 자세일 것이다. 조그만 창문으로 은빛 날개 끝이 보인다. 파란 하늘 밑으로 하얀 뭉게구름이 끝없이 펼쳐져 있다. 벌써 구름 위로 오른 것이다. 비행기가 수평을 잡았다. 1시간이면 가는 곳이라 식사는 안 나오고 음료 정도가 나올 것이다. 아침 커피가 마시고 싶다.

지금 지중해 위를 날고 있다. 이 비행기는 AIRBUS319이다. 생각보다는 크다. 가운데 복도 양옆으로 세 명씩 앉는 구조이다. 승무원이 카트를 밀고 온다. 소매가 짧은 빨간색 유니폼이다. 기본으로 물과 쿠키 한 개를 서비스하고 추가로 커피를 제공한다. 커피는 이미 식어 있다.

한 시간도 안 되어서 이라크레온 공항에 도착했다. 공항은 조그맣다. 규모가 작은 공항이지만 쉬지 않고 비행기가 뜨고 내린다. 국제공항처럼 비행기가 많다.

J가 짐을 맡기고 렌트카를 계약하러 간다. 공항 내 렌트카 업체 창구에는 벌써 긴 줄이 몇 개나 서 있다. 오늘 이 시간에 차를 빌려서 공항 밖으로 나가기는 어려울 것이다. 결국 공항에서 숙소까지 렌트카 대신 택시를 탈 수밖에 없었다.

택시를 타고 가면서 문득 10년 전 이곳으로 여행 왔던 일이 생각났다. 그때는 아내와 함께 아테네 피레우스 항구에서 야간 페리를 탔었다. 어둠 속에서 시커먼 괴물로 변한 지중해를 갑판 위에서 바라보았던 기억이 있다. 낮 동안의 아름답던 지중해는 사라지고 집어삼킬 것 같은 파도소리와 당장이라도 끌어당길 것만 같은 새카만 심연이 무시무시했다.

지금 공항에서 숙소까지 해변도로를 달린다. 택시 기사는 영어를 잘하지 못하지만 무척 쾌활하다. 그리스인 특유의 영어 악센트로 크레타를 열심히 설명한다. 맛있는 식당, 크노소스 궁전 등. 그의 말하는 태도와 목소리에서 그의 삶이 즐겁고 행복하다는 게 느껴진다. 나는 언제부터인가 대화하는 상대가 지금 행복한 삶을 살고 있는지 아닌지를 헤아리는 버릇이 생겼다. 그의 밝은 기운이 내게도 전해져 괜스레 즐거워졌다.

문제가 생겼다. 여기서 태어나고 살아온 이 행복한 기사조차 숙소를 못 찾는다. 이라클레온의 골목길이 무지하게 복잡해서 마치 그리스 신화에 나오는 미로와 같기 때문이다. 일단 택시에서 내렸다. 구글 맵을 최대한 활용해서 수색 작업을 벌였지만 못 찾았다. 결국 전화로 집주인과 연락을 하고 마라톤 복장을 한 집주인을 만나서야 집에  들어갈 수 있었다. 숙소가 그 어느 때보다 맘에 들었고 오늘 밤 꿀잠을 자리라는 확신이 들었다. 짐을 풀자마자 점심식사를 하러 나왔다.

아까 택시기사가 추천한 식당으로 발을 옮겼다. 숙소에선 10분도 안 걸리는 곳이다. 실외로 자리를 잡았다. 바다를 보면서 식사를 하고 싶었다. 탁 트인 쪽으로 향하는 게 사람의 본능인가 보다. 눈앞에는 지중해가 출렁이고 아프리카 북단에서 불어오는 바람이 살랑댄다. 이 바람이 그리스 여인들의 가슴을 부풀린다고 한다. 소설 『그리스인 조르바』에 나오는 한 대목이다. 파도가 밀려와 방파제에 부딪히면서 물보라가 시원하게 퍼진다.

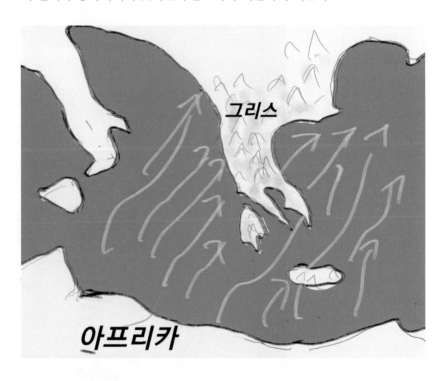

몇 가지 요리를 주문했다. 음식이 나오기 전에 어제 요르고스와 약속한 대로 크레타에 도착했다고 전화를 했다.

"요르고스, 조르바입니다. 조금 전 이라클레온에 도착했어요. 숙소 잡고 지금 점심 먹으러 나왔습니다."

"조르바, 전화 주셔서 감사해요. 그런데 제가 지금 회사 일로 급히 아테네에 와 있습니다. 3일 정도 있다가 다시 크레타로 돌아갈 예정입니다. 일이 이렇게 돼서 죄송합니다."

"요르고스, 그건 당신 때문은 아니지요. 그런데 당신이 돌아올 때 저는 이미 크레타를 떠나 산토리니로 가는 배 안에 있거나 벌써 그곳에 도착해 있을 겁니다. 하하, 사람 일이 그렇지요, 뭐. 나중에 한국에서 연락주세요. 그때 뵙죠. 잘 지내세요."

"조르바, 이쪽 일은 생각보다 일찍 마칠 수도 있고 제가 이카리아로 갈 수도 있으니까 이틀 후에 다시 연락드리겠습니다."

그가 크레타에 있는 것으로 생각했는데 이곳에 없다니 기분이 묘하다. 한편으로는 번거롭지 않아 홀가분하고 다른 한편으로는 그를 만나 크레타 음식이건 뭐건 재미있는 이야기 거리가 생길 것으로 기대했는데 뭔가 허전한 구석도 있다. 요르고스와 통화를 마치니 벌써 빵과 올리브가 식탁위에 놓여 있다.

비트가 먼저 나왔다. 양념으로는 올리브 오일과 발사믹 식초가 들어갔을 뿐이다. 약간 달콤했다. 비트는 먹을 때는 상관없지만 손질할 때 도마나 접시, 손바닥에 붉은 빛이 묻어나서 다소 성가시다. 오늘은 성가심 없이 먹기만 하면 된다.

홍합 요리가 나왔다. 올리브 오일, 마늘과 레몬즙이 들어간 국물이 산뜻하고 개운하다. 레몬 대신 라임이 들어가도 좋다. 여기에는 또 드라이 화이트와인을 넣어서 잡내를 없앤다. 어떤 이들은 와인이 들어가서 홍합을 취하게 해야 제 맛이 나는 거라고 한다. 그래서 메뉴 이름도 'Drunken Mussel'이다. 국물에 빵을 찍어 먹어야 이 요리를 잘 먹었다고 할 수 있다.

'페타치즈와 오븐구이 토마토'가 나왔다. 여기에는 딜 가루를 넉넉히 뿌렸다. 그리고 엑스트라버진 올리브 오일도 듬뿍 넣어 부드럽고 연한 향이 입맛을 돋운다.

식사를 마치고 해변으로 갔다. 파도가 심하지만 많은 사람들이 바다에 나와 있다. 노인 한 분이 낚시를 한다. 파도가 노인 곁 방파제에 부딪히면서 분말처럼 그의 얼굴에 흩어진다. 노인은 코펜하겐 해변의 나이 든 인어공주 조각처럼 꼼짝하지 않고 있다. 서로 꼭 껴안고 바다를 바라보는 젊은 남녀도 물보라에 아랑곳하지 않고 꿋꿋이 앉아 있다.

크노소스 궁전에서 키스를

오늘은 갈 곳이 두 군데 있다. 크노소스 궁전과 카잔차키스 묘지이다. 두 곳 모두 지난번 여행에서 다녀온 곳이다. 여기서 크노소스 궁전을 가려면 시내 광장까지 걸어가서 버스를 타야 한다. 10년 전 일인데도 거리 풍경이 생생하게 기억이 난다. 광장까지 가는 길이 과거에 비해 많이 깔끔해졌다.

해변에서 약 10분 걸어서 광장 주변에 있는 버스정류장에 도착했다. 많은 사람들이 버스를 기다리고 있다. 크노소스 궁전으로 가는 버스에 올랐다. 이라클레온의 도로도 코린토스와 마찬가지로 버스가 다니기에는 버거울 정도로 좁다. 그래도 버스는 잘도 달린다.

크노소스 궁전에 들어왔다. 관람객은 과거보다 훨씬 적었다. 10년 전에 왔을 때도 그랬지만 지금도 황량한 성터가 눈에 먼저 들어온다. 그런데 아무 것도 아닌 듯싶은 이 성터의 이야기를 들어보면 대단하다. 약 3천 년 동안이나 땅 속에 묻혀 있던 크레타 문명을 영국의 고고학자 아서 에반스(Auther Evans, 1851~1941)가 찾아서 발굴한 것이 이 유적지이다.

나는 크레타 문명보다도 이 영국의 학자가 더 흥미롭다. 모든 사람이 한낱 신화나 전설에 불과하다고 여겼던 크레타의 미노스 왕 이야기를 어떻게 사실로 확신할 수 있었는지 그것이 궁금하다. 나아가 이를 입증하려고 궁전터로 추정되는 이곳을 구입해서 발굴 작업을 했다니 당시에는 미친 사람이라는 소리깨나 들었을 것이다. 발굴은 1900년에 시작이 되었고 며칠 안 돼서 유적이 나오기 시작했다. 세상은 이런 상식을 넘어서는 사람으로 해서 재미있고 때론 엄청난 결과물을 얻게 된다.

9월 한낮의 햇살은 여전히 따갑다. 크노소스 궁전 한 모퉁이 나무 그늘에서 두 연인이 키스를 한다. 세상에는 그들 둘밖에 없다. 오래된 문명도

지나는 사람도 지금 그들에겐 보이지도 들리지도 않는다. 궁전 앞 버스정
류장에서 이 연인들을 또 만났다. 거기서 또 키스를 나누고 있다. 지금 두
연인의 뇌에서는 '도파민'이라는 호르몬이 샘물처럼 솟는 모양이다. 우리
는 버스를 타고 다시 이라클레온 시내로 돌아왔다.

카잔차키스 묘에서 춤을 추다

크노소스 궁전에서 돌아온 후 카잔차키스의 묘로 향한다. 묘지로 올라가는 한적한 언덕길 주변은 잡초만 무성하다. 그를 모르는 여행자들이 일부러 이곳에 올 리는 없다. 언덕 아래 커다란 운동장에서는 축구경기가 한창이어서 고함소리가 요란하다. 위대한 작가의 묘지로 가는 길은 축구하는 이들이 타고 온 차들로 발 디딜 틈이 없다.

카잔차키스의 묘지에서 우연히 한국 사람 세 명과 외국 남자 한 명을 만났다. 어떤 조합인지 첫눈에 알기는 어려웠다. 그 외국 남자는 한국 여자와 결혼한 그리스인이다. 장인장모를 그리스에 초대해서 크레타 섬에 함께 놀러 왔다고 한다. 나이 지긋한 분들을 카잔차키스의 묘지로 모신 까닭이 궁금하다. 장인이 먼저 이곳에 가자고 했단다. '니코스 카잔차키스'에 대한 한국인들의 사랑은 유별나다.

> 나는 아무것도 원치 않는다.
> 나는 두렵지 않다.
> 나는 자유인이다.

묘비 뒤에 새겨진 글귀이다. 그의 생전에 써놓았다고 한다. 사람들은 모두 크건 작건 두려움 속에 사는데, 난 두렵지 않다는 선언을 하니까 그가 얼마나 호쾌하고 멋져 보이겠는가! 그의 소설을 읽지 않았어도 이 유명한 묘비 글씀은 대개 들어서 알고 있으리라. 소설 속 주인공 조르바와 작가는 자유로운 영혼의 화신이 되었다.

그리스 남자에게 영화 <그리스인 조르바>의 마지막 장면에 나오는 춤을 출 줄 아느냐고 물었다. 젊은 사람이라 모를 줄 알았는데 안다고 한다. 함께 춤을 추자고 했더니 좋다고 한다. 그 사내가 스텝을 알려주었다. 둘이 어깨동무를 하고 앞으로 한 발 나갔다가 게처럼 옆으로 스텝을 밟는 조르바 춤을 추었다.

이 춤(시르타키, Sirtaki)은 그리스 전통 춤인 '하사피코' 춤을 변형시킨 것인데 요르고스 프로비아스가 1964년 이 영화를 위해 만들었다.

우리가 묘 앞에서 폰에서 나오는 음악에 맞춰 박수치며 춤추는데도 작가는 아무 말 없이 누워 있다. 어디서 왔는지 개 한 마리가 묘 가장자리에 보초를 서듯이 앉아 있다.

　묘지에서 내려와 이라클레온 시내로 들어섰다. 이 동네는 10년 전이나 지금이나 변함이 없다. 낡고 오래된 주택들이 줄서 있는 좁고 구불구불한 언덕길을 걸어간다. 그 길에서 놀고 있던 아이들이 우리를 쳐다본다. 날개만 없지 천사들이다.

예전의 기억을 살려 시장 쪽으로 왔다. 2009년에 여기 왔을 때 매일 들렀던 견과류 가게가 아직 있다. 반가운 마음에 그 가게를 들어가 보았다. 어이쿠! 사장님이 그대로 계시다. 10년이 넘었으나 얼굴은 여전하다. 예전에 왔었는데 이번에 다시 왔다고 하니 놀라면서 반가워한다. 그러면서 소금에 구운 땅콩을 한 봉지 듬뿍 퍼서 거저 준다. 그리스인들의 정서도 우리와 비슷하다. 다음에 또 뵐 수 있을지 모르겠다.

그 집을 나와 시장통을 따라 좀 걷다가 아담한 식당을 발견하고 들어갔다. 가족이 함께 하는 식당이다. 홀 서빙은 남매가 하는데 오빠가 고등학생이고 여동생은 중학생 정도 된 것 같다. 달팽이 요리, 버섯튀김, 갑오징어 와인 스튜 세 가지를 주문하고 맥주도 한 병 시켰다.

갑오징어 와인스튜가 먼저 나왔다. 스튜는 보통 토마토를 사용하는데 예상 밖으로 붉은 색의 토마토

소스가 들어 있지 않다. 대신 드라이 화이트와인을 사용했고 허브로는 딜을 사용했다. 오징어 자체에 간이 있는지 짭짤하다.

그리스인들은 초록색 채소를 이렇게 스팀으로 익히거나 팬에 직접 열을 가해서 숨을 푹 죽여서 먹는다. 이것이 전에 말한 호르타(Horta)이다. 여기에 이들이 좋아하는 올리브 오일과 레몬즙 그리고 소금과 후추를 뿌린다. 별 맛이 없을 것 같지만 고기 먹을 때는 이 호르타가 한없이 먹힌다.

이번에 나온 버섯요리는 버섯튀김이다. 내가 버섯을 좋아하니까 자꾸 관심이 간다. 한국에 돌아가서 이 메뉴를 개발해 볼까 생각하고 있다.

달팽이 요리가 몇 년 만인가? 10년 전에 여기 크레타에 와서 먹고

지금 처음이다. 그때 이 맛에 끌려서 한국에서도 달팽이 요리를 해보겠다고 달팽이 양식장을 알아보던 기억이 난다. 결국 못 했다. 의욕은 많고 현실은 따르지 못했다. 살다보면 그런 일이 많다.

디저트로 달콤한 과일, 치즈와 라키가 나왔다. 크레타 섬은 정말 라키 인심이 대단하다. 라키는 포도로 만드는 40도짜리 술이다.

식사를 마치고 이라클레온의 다운타운으로 향했다. 시장통과 달리 다운타운에는 분수대를 중심으로 둥글게 카페나 식당이 형성되어 있다. 그곳에서 사람들이 식사를 하고 맥주나 커피를 마시면서 담소를 나누고 있다.

내일은 이라클레온을 떠나서 내륙으로 들어가기 때문에 차를 렌트하기로 했다. 자동차 렌트하는 사무실이 제법 있었다. 그 중 한 곳을 골라 들어갔다. 사무실 앞에 차 한 대 없이 렌트카 사업을 한다. 렌트업자는 내일 아침 10시경 차를 준비해 놓겠고 서류업무는 그때 하자고 한다. 너무 간단하고 쉬워서 신뢰가 가지 않지만 믿어보기로 한다.

숙소까지 해안을 따라 걸었다. 철썩이는 파도소리와 따베르나에서 술잔을 기울이며 이야기하는 사람들 소리가 들려왔다. 숙소에 들어와 깊은 잠에 빠졌다.

12. 그리스 가정식을 맛보다

소피아는 행복해

이라클레온에서 하룻밤을 자고 렌트카 사무실로 향하고 있다. 숙소를 나오는데 아이들의 재잘대는 소리가 들린다. 조그만 초등학교가 숙소 바로 앞에 있는 것을 이제 알았다.

운동장 한쪽에 그리스 국기가 힘차게 펄럭이고 그곳으로부터 대각선 방향 건물 벽 앞에 농구대가 놓여 있다. 작고 오래된 학교 위로 하늘이 더없이 푸르다.

렌트카 사무실에 도착했다. 어제의 예감대로 10시에 약속된 차는 없었다. 그리스인들은 여러 면에서 우리 방식과 다르다. 우리가 어쩌면 그들의 방식을 배워야 정신적으로 건강해질 수도 있다. 전혀 당황하지도 크게 미안해하지도 않았다. 어젯밤에는 사무실에 없었던 여직원이 어딘가로 전화를 한다. 표정이 약간 어둡다. 지금 자기네도 차를 기다리고 있단다.

차를 기다리면서 렌트카 여직원과 이런저런 이야기를 나누었다. 이름이 '소피아'다. 무척 쾌활하다. 그녀는 크레타 토박이다. 이곳에서 태어나 자라고 이곳 출신 남자와 결혼을 하고 아들 둘을 두었다. 조금 있다가 '미레'로 가서 그리스 가정식을 배울 거라고 했더니 자기도 요리를 잘한다고 자랑을 한다.

렌트카가 도착하는데 시간이 걸렸고 소피아가 그리스인들이 좋아하는 '프라페' 커피를 만든다. 내가 그리스 식당을 하는 것을 알고는 이 커피 만 드는 법도 알려준다. 그녀는 섬에서 누구보다도 행복해 보인다.

우여곡절 끝에 렌트할 차가 도착했고 그 차를 끌고 이라클레온을 떠나 '미레'라는 시골로 향했다. 그곳 가정집에서 이틀을 자기로 했다. 여주인이 요리 실력이 대단하고 숙박과 요리 실습을 동시에 할 수 있다는 내용을 군 에 있는 그녀의 아들이 인터넷 숙박 사이트에 올렸다. 기대감을 가지고 예 약을 했고 지금 그 집으로 가고 있다.

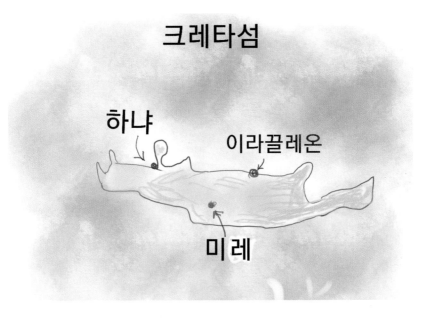

미레는 이라클레온에서 차로 1시간 정도 걸린다. 주위가 온통 산으로 둘러 싸여 있어 크레타섬에 있다는 생각이 전혀 들지 않는다. 파란 하늘 아래로 뻗은 고요한 시골길을 달리니 마음이 한없이 평화롭다.

칼라마키 해변에 들르다

'미레'로 가는 도중에 그 근처 해변 '칼라마키'에 먼저 들렀다. 이곳에서 점심식사도 하고 바다 구경을 할 작정이다. 크레타 섬에는 야산마다 올리브나무가 가득하다. 크레타인은 기원전부터 올리브 기름을 해외로 수출한 민족이다.

'칼라마키' 해변에 와 있다. 챙 넓은 모자를 쓰고 모래밭을 걸었다. 등산화가 모래에 푹푹 빠진다. 사람들은 해변에 누워 편안하게 책을 보거나 스마트폰을 들여다보고 있다. 지중해에서 밀려오는 파도소리만 거칠 뿐 모든게 정지해 있다. 바다색이 거리에 따라 다르다. 해변과 가까운 곳은 초록이고 먼 곳은 파랗다.

해변을 걷다가 부다페스트에서 여행을 온 노부부를 만나 잠시 이야기를 나누었다. 10일간의 이번 여행 중 5일은 여기서 보내고 나머지는 또 다른 곳으로 이동할 계획이란다. 은퇴하고 여생을 주로 여행하면서 보낸다고 한다. 그는 대화를 마치고 다시 긴 의자에 비스듬히 앉아 책을 읽기 시작한다. 모든 게 느리게 흐른다.

이제 밥을 먹으러 가야 한다. 조그마한 해변으로 나가니 대여섯 개의 식당이 있다. 성수기에는 사람들이 제법 오는 것 같지만 지금은 식당마다 빈 테이블로 휑하다. 어느 집이 좋을지 둘러본 다음 그 중 손님이 가장 많은 곳으로 들어갔다. 더워서 일단 시원한 생맥주를 마신 후 돌마데스, 수주까끼아(Soutzoukakia), 브리암(Briam)을 주문하고 버섯요리 하나를 추가했다.

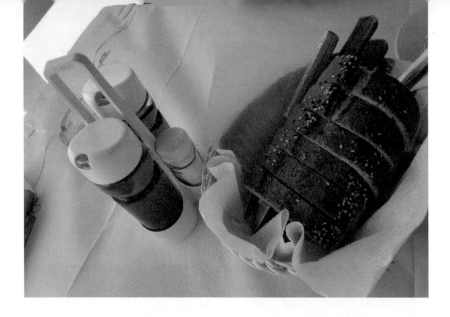

돌마데스가 먼저 나왔다. 그리스 어느 지역을 가더라도 식당에서 이 메뉴는 빠지지 않는다. 20여 년 전 처음 그리스에 갈 때 올림피아항공 기내식에서 이것을 맛본 기억이 생생하다. 쿠바 산 시가처럼 짙은 녹색 잎을 돌돌 말아놓은 모양이 인상적이었다. 기내식 런치박스에 정말 시가처럼 놓여 있었다.

맛은 짭짤하면서 쌉싸름하다. 그리고 식물의 엽록소 냄새가 올라온다. 맞다. 이 음식은 포도 잎 쌈이다. 포도 잎에 페타치즈와 쌀, 올리브 오일, 기타 허브를 올리고 돌돌 말아서 쌀이 익을 때까지 삶듯이 찐다. 그리스에만 돌마데스가 있는 것은 아니다. 터키나 레바논에도 포도 잎을 이용한 음식이 있다. 이름도 '돌마'라고 하니 비슷하다. 돌마는 '돌돌 말다(roll)'라는 뜻이다. 가운데 하얀 소스는 짜치키 소스이다.

다음으로 '수주까끼아(Soutzoukakia)'가 나왔다. 그리스 식 미트볼이다. 고기 완자를 팬에서 살짝 튀긴 후 토마토소스에 다시 뭉글하게 익힌 음식이다. 서양의 다른 나라, 특히 이탈리아에도 비슷한 것이 있다. 미트볼 타이프는 각 나라마다 있지만 맛과 향이 다르다.

보통은 흰 쌀밥과 함께 나오는데 이 집은 튀김 감자와 나왔다. 그리스인들에게는 매우 친숙한 음식이다. 10년 전에 그리스인 요리사가 그릭조이에서 1년 정도 일한 적이 있다. 이 친구에게 집에서 엄마가 해준 음식 가운데 가장 맛있었던 것을 말해보라니까 이 음식을 첫 번째로 꼽았다.

다음은 야채스튜인 브리암이다. 호박, 감자, 가지, 당근 등 온갖 야채가 들어간 건강식이다. 이 메뉴도 이번 여행에서 두세 군데 식당에서 맛을 보았다. 이 집이 구수하게 맛을 잘 낸다. 역시 토마토소스가 맛이 있어야 한다. 된장찌개가 맛이 있으려면 뚝배기가 아니라 장맛이 좋아야 하듯이.

이번에는 버섯요리가 나왔다. 그리스는 다른 나라에 비해 버섯요리가 강하다. 산악지대가 많아서 다양한 버섯이 자생한다. 이 요리는 버섯을 슬라이스해서 올리브 오일에 튀기듯이 익힌 음식이다. 물론 소금, 후추로 간을 하고 이들이 좋아하는 오레가노는 물론이고 두세 개 정도의 허브가 들어갔다. 마지막으로 엑스트라 버진 올리브 오일도 뿌려준다. 건강에 좋다는 느낌이 먹기도 전에 확 들어온다.

40도짜리 술 라키(raki)를 서비스로 준다. 과일 안주와 함께 말이다. 크레타 섬에서는 유독 이 술에 대한 인심이 좋다.

식사를 마치고 '미레'로 출발했다. 숙소 주인이 약속장소에 나와서 우리를 안내하기로 했다. 약속장소에 그가 도착했다. 60대 초반 마른 체형의 남자가 차에서 내려 우리에게 다가온다. 요리 잘하는 여인의 남편이다. 아내가 요리 솜씨가 좋은데 남편이 말랐다면 앞뒤가 맞지 않는다. 서로 간단히 인사를 나눴다. 그는 과묵한 사람이어서 웃음을 잠깐 보이다 말고는 아무 말 없이 차를 몰고 갔고 우리도 조용히 그 차 뒤를 따라갔다. 아내마저 과묵하다면 이 집 분위기는 침묵 명상을 하는 수도원 같을 거다.

그리스 여인에게 요리를 배우다

얼마간 시골길을 가다가 언덕길로 올라간다. 무척 가파르다. 이윽고 새로운 숙소에 도착했다. 대문도 없다. 대강 입구에 차를 대고 집안으로 들어갔다. 50대 중반쯤 되는 여자가 인사를 하며 자기소개를 한다. '다나이'라는 이 집 안주인이다. 우리가 머물 방을 알려주고 세탁하는 곳, 전기 등을 알려준다. 그리고 간단한 다과를 아래층 정원에 낸다고 다들 집합하란다. 지시에 잘 따라야 생활이 편하다.

우리가 사용할 세 개의 방 중 앞산이 훤하게 보이는 2층 방이 내 방이 되었다. 후배들이 배려를 해준 것이

다. 여주인이 지시한 대로 아래층 정원으로 내려갔다. 이 집 주인 스테리우스와 다나이가 긴 사각식탁에 앉아서 다나이는 간단한 그리스 과자와 그리스 커피를 내놓고, 집 주인은 맥주를 마시고 있다. 다나이가 뭘로 하겠냐고 묻기에 맥주로 했다.

이 동네는 술을 파는 가게가 없다. 1시간은 운전을 해야 술이든 뭐든 살 수 있는 가게가 있다고 한다. 그만큼 시골이다. 맥주 세 캔 남은 것을 우리가 마셨다. 맥주 값을 지불한다고 했더니 남자 주인이 손사래를 친다. 그리스인의 정서가 우리하고 비슷하다. 그래도 마신 맥주 값을 다 치르고 다섯 캔 더 살 수 있는 돈을 지불했다. 나중에 남자 주인과 함께 마실 맥주 값이다.

그 부부와 맥주와 다과를 나누면서 어떻게 결혼하게 되었는지, 애들은 몇 명인지 등 가벼운 이야기를 나누었다. 남자 주인은 맥주를 사러 간다며 자리에서 일어났다. 다나이만 자리에 남아서 이야기를 더 나누었다.

주로 가정 이야기, 자기의 젊을 적 이야기였다. 두 남동생은 모두 독일에서 그리스 음식점을 한다고 한다. 자기는 '미레'에서 사무직으로 일하다가 애들 키우느라 그만두었다고 한다. 여기서의 삶이 너무 만족스럽다고 한다.

저녁식사로 뭘 먹고 싶으냐고 다나이가 묻는다. 제일 자신 있는 음식을 해달라고 부탁했다. 그녀는 '예미스타'와 '케프테'를 해주겠다고 한다. '예미스타'는 앞에서 말한 대로 채소 속을 양념한 쌀로 채워 익힌 것이고, '케프테'는 미트볼을 말한다. '케프테데스'라고도 한다. 터키에서는 '쾨히테'라고 한다. 케프테와 발음이 비슷하다. '작은 가루로 부순다.'는 터키 말이다. 미트볼을 만들 때 덩어리 고기를 잘게 갈아서 만드니까.

지금 낮 2시 반. 다나이가 저녁에 먹을 특별한 음식을 위해서 분주하게 움직인다. 요리에 필요한 허브들과 채소들은 별도의 창고에서 가지고 온다. 다나이를 따라 그 창고에 가보았다. 식재료와 각종 물건들이 가지런하게 정리가 되어 있다. 다나이는 굉장한 살림꾼이다. 내가 그리스 가정식을 배

우러 왔다는 것을 알고 그녀는 음식을 준비하기 전에 나를 불렀다. 음식에
어떤 식재료가 필요한지, 어떻게 준비하는지를 보여주었다.

먼저 '케프테' 만드는 레시피를 꼼꼼하게 알려준다. 고기 간 것을 어떻게
양념해서 미트볼을 만드는지, 그 다음은 이 고기완자를 양념할 토마토소
스 만들기, 그리고 오븐에 익히는 방법을 보여준다. 나도 직접 다나이와 같
이 만들었다.

맨 마지막에 요거트로 짜치키 소스를 만드는 레시피도 보여주었다. 나
는 평소에 다나이보다 더 많은 양의 소스를 만들고 있어서 방법은 그녀와
많이 다르다. 서너 명을 서비스하는 경우와 많은 손님을 상대로 할 때는
레시피가 달라지게 마련이다.

다나이는 '케프테'를 만들기 시작했다. 이렇게 정성껏 만드니 맛이 없을 리가 없다. 냄비를 오븐에 넣고 익힐 동안 잠시 마당에서 다나이와 커피를 마시고 있었다. 그때 독일에서 산다고 하는 남동생이 선물로 줄 옷 보따리를 가지고 찾아왔다. 다나이와 그 동생이 앉아서 담배를 피우는 동안 나는 집 밖으로 나와서 주변을 둘러보았다. 여기서 시선이 닿는 곳은 온통 올리브 나무다.

스테리우스는 맥주를 사러갔는데 아직 돌아오지 않았다. 맥주 핑계로 동네로 마실을 간 게 아닌가 싶다. 다시 집으로 돌아오니 아들도 삼촌과 앉아 있다. 낮잠 자다 억지로 끌려 나온 얼굴이다. 오랜만에 방문한 삼촌과 이야기하는데 말투가 싸우는 것 같이 무뚝뚝하다. 여기도 무서운 10대가

한 명 있다. 이 녀석은 거기서 며칠 지내는 동안 나랑 얼굴이 마주쳐도 한 번도 인사를 한 적이 없다. 그래서 요즘 그리스에서는 인사를 하지 않는 것이 인사법인가 하고 생각할 뻔했다.

다나이의 남동생은 1시간도 되지 않아 누나 집을 떠났다. 다나이와 나는 주방에 들어가서 오븐 속을 확인했다. 삼십 분 이상은 더 있어야 했다. 이렇게 시간이 오래 걸리면 식당에서 메뉴로 내놓기 어려운 음식이 아닐까 하는 생각이 스쳤다. 나는 다시 앞마당으로 나왔고 다나이는 주방에서 정리를 했다.

남편 스테리우스가 돌아왔다. 양손에 맥주와 필요한 물건들을 잔뜩 들고 주방으로 들어간다. 둘이 이야기를 나누다가 목소리가 좀 커졌다. 그가 뭘 잘못 사왔나? 잠시 후 조용해졌다. 스테리우스가 맥주 두 캔과 주방 구석에 있던 사진도 들고 나온다. 그 사진은 이 집에 처음 왔을 때 이미 눈길을 끌었고 누군지 궁금한 참이었다. 스테리우스의 소년 시절 사진이다.

사진 속에는 훈훈한 미소년이 선한 눈빛으로 앞을 응시하고 있다. 지금의 주름투성이 얼굴에서 사진 속 모습을 찾아보려 하지만 쉽진 않다. 그의 '화양연화', 빛나던 시절이다. 스테리우스에게 엄지척을 해주고 그 사진을 앞에 놓고 사진을 찍었다. 그와 옛 사진 사이에 무슨 일이 있었지? 그리고 옛 사진 앞에서 현재의 그와 내가 맥주를 마신다.

날이 어둑해졌다. 다나이가 저녁이 다 됐으니 나오라고 한다. 후배들이 밖에 나갔다가 돌아와서 샤워를 마친 모양이다. 2층에 올라가서 식사하러 내려오라고 했다. 앞마당의 긴 식탁에는 벌써 접시, 포크, 나이프 등이 개인별로 놓여 있다. 스텔리우스가 세팅을 한 것이다. 자기 좌석은 식탁의 제일 상석으로 해놓고 나는 자기의 왼편 아내는 오른편으로 해놓았다. 와인도 한 병 꺼내왔다.

낮 동안 다나이가 준비했던 음식을 먹는다. 그동안 식당에서 먹었던 것

들과는 확연히 맛 차이가 있다. 더 신선하고 깊은 맛이 난다. 우선 올리브 오일 자체가 뛰어났기 때문이리라. 자기네 올리브 농장에서 열매를 따서 제일 좋은 녀석들로 짜낸 기름으로 음식을 하니 맛 차이가 나는 건 당연하다. 특히 토마토에 쌀을 넣고 오븐에 구워낸 도마데스예미스타는 별미 중의 별미였다.

'예미스타'라는 것은 그리스말로 '채우다'라는 뜻이다. 토마토뿐 아니라 호박, 피망 같은 채소 안에 양념한 쌀을 채워서 오븐에서 익혀 먹는 지중해 지역의 대표적인 음식이다. 야채 가운데 토마토를 제일 많이 사용한다. 이번에 다나이는 토마토 외에 호박과 가지까지 사용했다.

그리스 시골 가정집에서 정성껏 마련한 음식을 원 없이 맘껏 즐겼다. 와인이 또 한 병 식탁에 올랐는데 집에서 만든 와인인 것 같다. 좀 시큼했지만 크레타 섬의 포도와 천혜의 환경이 빚은 술이라 생각하니 달콤하고 구수하기까지 하다.

그리스 식 고기완자 '케프테'와 감자를 먹었다. 지금껏 먹었던 그리스 음식 가운데 가장 맛이 있다. 부드럽고 구수한 그리고 따뜻한 음식을 오랜만에 먹으니 더할 나위 없이 행복하다.

오늘은 하루가 꽉차게 지나갔다. 잠이 기분좋게 쏟아진다.

13. 철 지난 바닷가

망자의 합창

그릭커피, 집에서 만든 올리브 빵 그리고 삶은 달걀이 들어간 야채샐러드로 간단하지만 건강한 아침 식사를 했다. 오늘은 스텔리우스가 추천한 수도원을 구경하고 주변의 해변과 유적지를 둘러보고 저녁은 집에서 먹는 일정을 잡았다. 말로는 단순하지만 이 일정을 제대로 소화하려면 얼마나 부지런히 다녀야 하는지 실제로 해보면 안다.

다나이네 집이 위치한 '미레'는 크레타 섬의 내륙 지역이다. 주변이 산으로 둘러싸여 있어 섬에 있다는 느낌이 들지 않는다. 수도원으로 가는 길은 황량하고 쓸쓸하기까지 하다. 차 두 대가 다닐 만한 길이 산의 형세에 따라 이리저리 구부러진다. 주변에 보이는 산에는 파스텔 톤의 올리브나무가 가득하다.

물기 없는 마른 땅에 크기도 제각각인 돌들이 널브러져 있고 마침 불어오는 바람에 흙먼지가 심하게 날린다. 신이 그리스

를 만들 때 자갈들을 어깨 너머로 대충 던져 만들었단다. 그 일이 마음에 걸려서 나중에 지중해를 만들어 주었다고 한다. 그 말이 맞는 것 같다. 사막까지는 아니지만 대단히 척박한 땅이다.

바람은 왜 이렇게 센가. 구불구불한 산길을 가다가 차를 세우고 사진을 찍는데 바람이 얼마나 강한지 등에 날개만 붙이면 아프리카 북단의 이집트까지는 날아가겠다. 바람에 몸이 마구 뒤로 젖혀진다.

바람을 뚫고 수도원에 도착했다. 조그맣고 조용하다. 수도원 내부 사진 촬영은 금지되어 있어서 가지고 간 패드에 스케치를 했다. 수도원은 바람 소리만 요란할 뿐 사람의 흔적은 찾아볼 수 없다. 고독 외에는 아무 것도 보이지 않는다.

2019. 전광훈

수도원을 잠깐 둘러보고 가까운 곳에 있는 '코모스' 해변으로 향했다. 오늘만 이렇게 바람이 센 것인지 알 수가 없다. 어느 동네 공동묘지를 지나가는 길이다. 대리석으로 만든 비석들은 깔끔하다. 며칠 전 놔둔 것인지 시든 꽃송이가 바람에 부르르 떨고 있다. 파란 하늘과 떠다니는 흰 구름이 말없이 누워 있는 망자를 내려다본다. 바람 속에 망자들의 합창이 휘날린다.

나는 바라는 게 없어

나는 두려운 건 없어

나는 자유야. 그런데 심심해.

나는 심심한 자유는 싫어.

나는 재미가 필요해

나는 재미를 위해서는 두려움도 좋아

내 맘 속에 내내 맴돌던 니코스 카잔차키스의 묘비 글과는 다르게 두려움이라도 있으면 좋을 정도로 망자들이 심심하단다. 거참, 그 쪽 세계보단 아무래도 이쪽이 더 낫다는 얘기인가? 아무쪼록 잘들 지내셔. 굿 바이.

모래바람에서 도망치다

코모스 해변에 도착했다. 바람이 심하고 파도가 거세고 험악하다. 바다 빛깔은 푸르지 않고 황토색이 감돈다. 차에서 내려 해변으로 갔다. 모래가 강한 바람에 날아와 입안에서 씹힌다. 넓은 해안에 사람이 하나도 안 보인다. TV 드라마 속에서 보면 그렇게 분위기 있는, 철 지난 바닷가는 실제 가보면 너무 을씨년스럽다.

가까운 유적지 '마탈라'로 차를 몰았다. 이곳도 바닷가이다. 거센 파도가 삼킬 기세로 몰려오는 바다와 다시 마주했다. 모래바람이 따가울 정도로 얼굴을 때린다. 그래도 이곳 주차장엔 차를 댈 곳이 없을 정도로 관광객이 많다. 마탈라 해변의 절벽 동굴을 보기 위해서 온 사람들이다.

동굴 매표소 앞에는 모래바람에도 불구하고 줄이 길게 늘어서 있다. 드디어 입구로 들어섰다. 이 동굴들은 수천 년 전에 깎아낸 인공 동굴인데 로마식 또는 초기 기독교식 무덤으로 추정하고 있다. 이 동굴을 몇 개 보다가 바람이 하도 강해서 포기할 수밖에 없었다. 마탈라는 모래바람에 얼굴이 얼얼했던 기억으로만 남을 것이다.

주차했던 차 안으로 도망치듯 들어왔다. 차 유리창에 모래 부딪치는 소리가 요란하다. 그곳을 정신없이 빠져나왔다. 점심을 먹어야 하는데 완전 시골이라 식당이 안 보였다. 차를 타고 한참을 달리다가 기로스 가게가 눈에 띈다. 간단한 샌드위치로 점심을 때우기로 한다.

기로스는 '그리스의 햄버거'라고 할 수 있다. 그리스 음식 가운데 기로스처럼 가성비 좋은 식사가 없다. 몸에 좋은 요거트 소스에 싱싱한 토마토와 양파 그리고 기름 쪽 빠진 고기 등의 재료를 쫄깃한 피타 빵으로 말아서 먹는다. 그런데 가격이 저렴하다. 대표적인 길거리 음식이기도 하다.

기로스는 터키의 케밥과 비슷하다. 다른 점은 그리스 피타 빵이 터키 피타보다 두껍다는 것. 터키는 고추 등 매운 것을 첨가하기도 한다. 기로스 식당에 들어가 기로스와 수블라키를 주문했다.

금방 튀긴 감자와 갓 구운 피타 빵, 고기, 토마토, 양파, 짜치키 소스가 어우러져서 입 안에서 한바탕 축제가 벌어진다. 수블라키도 맛보았다. 갓 구운 돼지고기 꼬치에 새콤한 레몬즙 그리고 짜치키 소스가 담백하면서도 강렬하다. 그리스 여행을 하면 이 두 가지 음식을 가장 많이 접하게 된다.

식사를 마치고 숙소로 향했다. 숙소로 오는데 M이 전화를 받는다. 아무래도 요르고스 같다. 이틀 후에 연락을 한다고 했으니까.

"조르바, 나 요르고스입니다. 잘 지내시고 있나요? 아직 크레타시죠? 일기예보를 보니까 내일 바람이 강해서 산토리니 행 선박운행이 힘들 것 같습니다. 산토리니 행 비행기도 이미 예약이 끝났습니다. 내일 크레타에 하루 더 계셔야 할 것 같아요. 이라클레온에서 뵐까 해요. 어떠십니까?"

"네, 고마운 말씀인데 확정적으로 말씀드리기 곤란하네요. 만약 내일 항구에서 못 떠나게 되면 연락을 드리겠습니다."

"그러시군요. 하여간 전화주세요. 저는 내일 여기 아테네에서 오후 6시 비행기로 이라클레온으로 출발합니다. 9시경이면 뵐 수 있겠지요. 저녁은 미리 하시고 술이나 함께 합시다. 전화 주세요."

"네, 그러죠. 요르고스."

전화를 끊었다. 요르고스가 끈질기다.

내일 이라클레온 항구로 새벽에 가보면 산토리니로 떠나게 될지 크레타에 하루 더 머물지 알 수 있을 것이다.

오늘 저녁은 다나이 집에서 먹는다. 어제 먹고 남은 음식에 샐러드를 푸짐하게 만들고 달팽이밥을 추가하는 정도로 했다. 달팽이밥은 쌀을 올리브 오일, 양파 등 채소와 익히면서 달팽이를 첨가해 익히는 필라프이다. 크레타 섬에서는 달팽이가 많이 나오나 보다.

어제 만든 '케프테데스'이다. 음식은 갓 만들었을 때가 가장 맛있다. 하루 지난 햄버거를 생각해 보면 알 것이다. 특히 고기 요리가 그렇다.

달팽이밥과 함께 빵, 샐러드 그리고 두 가지 디핑 소스가 식탁 위에 준비되었다. 아마 이것이 이들의 일상적인 식사 수준이 아닐까 생각한다. 어제는 특별한 식사를 대접한 것이다. 디핑 소스는 요거트 소스인 짜치키(Tzatziki)와 하머스(Humus)이다. 하머스는 지중해 지역 사람들, 특히 중동지역에서 좋아하는 소스이다. 병아리콩으로 만든다. 새콤하면서 고소한 맛이 난다.

이 집 여주인 '다나이'표 디저트이다. 겉의 바삭한 식감은 필로(Filo)라고 하는 밀가루 반죽으로 만든 피가 오븐에서 구워졌기 때문이다. 이 피는 웬만한 종이만큼이나 얇다. 유럽, 미국, 캐나다 등 해외에서는 마트에서 쉽게 구입할 수 있다. 서양 음식 가운데 이 필로를 이용해서 만드는 음식이 많다. 특히 에피타이저나 디저트에 자주 쓰인다.

그리스에서는 아직도 손으로 밀가루를 얇게 밀어 직접 필로를 만들어 쓰는 사람이 많다. 필자도 이 필로 만드는 기술이 있다. 가끔 수제 필로를 만들어 시금치 파이를 만든다. 우리나라에서도 지금은 수입이 돼서 쉽게 구할 수 있다.

14. 요르고스, 숙소로 찾아오다

하냐는 아름다워

새벽에 항구로 나가보니 바람이 대단하다. 요르고스 말대로 크레타 지역이 태풍 때문에 선박 운항이 전면 중단돼 최소한 하루는 더 이곳에 있어야 한다. 오늘 아침에 산토리니 섬으로 출발하려 했던 일정이 틀어지는 상황이다. 비행기 편을 알아보니 엄청나게 비싼 데다 며칠 뒤에 떠나는 예약뿐이다. 오늘밤은 이라클레온에서 하루 더 자야 한다. 잘 곳은 조금 있다가 예약하기로 하고 우선 오늘 일정을 새로 잡았다.

이라클레온에서 가까운 '하냐'에 가기로 했다. 차로 한 시간 정도 서쪽으로 간다. 가까운 거리도 좋지만 경치도 좋고 먹을 곳도 많기 때문이다. 하늘은 흐렸다. J가 계속 운전을 하기로 했다. 오토가 아닌 수동식이라 기어변속이 원활하지 못하면 차에서 탱크 소리가 난다. 이런 안개 낀 아침에 고속도로를 달리다 보면 모닝커피가 생각난다. 마침 적당한 휴게소가 보여 그곳에서 커피를 마셨다. 쌉쌀한 커피 향이 입 안에 감돈다.

이윽고 하냐로 들어섰다. 예전에 왔던 기억이 스멀스멀 올라온다. 관광객과 자동차로 시내는 엄청 복잡하다. 주차장이 안 보여서 일단 대형마트에 주차를 하고 저녁에 마실 맥주와 안주를 샀다. 물건을 사면 2시간 무료 주차권을 준다. 물건들을 차 트렁크에 싣고 홀가분하게 관광객들 틈으로 끼어들었다. 식당들이 몰려 있는 부둣가로 걸어갔다.

　예전에 아내와 며칠을 보냈던, 바다가 바로 눈앞에 보이는 호텔이 보고 싶었다. 10년 전 그때나 지금이나 이곳 부둣가는 변함없이 그대로다. 당시 머물던 작은 호텔이 보인다. 밤에 아내와 바다를 보며 맥주를 마셨던 2층 발코니를 올려다보니 마침 누군가 창문을 열고 빼꼼 내려다본다. 걷던 길을 계속 간다. 갑자기 엄청난 파도가 부두의 벽을 치고 올라왔고 이내 하얀 거품이 도로 위로 흩어진다.

　부둣가 뒤쪽의 오래된 골목에는 작고 예쁜 음식점들이 많다. 관광객들로 북적거리며 활기가 넘치는 곳이다. 복잡한 골목을 벗어나 해물 수프를 파는 시장으로 향했다. 지난 여행에서 이른 아침에 몇 번 갔던 식당인데 가격도 싸고 북어국에 동태국을 섞은 듯한 시원한 맛이 일품이었던 추억의 장소다. 아마도 밤새 술을 마셨던 술꾼이나 새벽 일찍 배를 탔던 선원들이 즐겨 먹으러 오지 않았을까?

　추억의 해물 수프인 '카카비스'를 그리워하며 시장으로 들어갔다. 그러나 그 식당이 안 보인다. 주변 상권과 관광객들의 수요가 변해서인지 식당보다는 특산품이나 식재료 위주의 물건을 파는 곳이 많아졌다.

그리스인들도 고추 장아찌를 즐긴다. 우리나라 시골 장날에 가보면 볼 수 있음직한 광경이라 반가웠다.

다른 동네로 식당을 찾아가야겠다. 해외에서도 맛집을 찾을 때 구글은 유용하다. 구글로 적당한 가격, 메뉴, 손님들 평가 등을 보고 식당을 정한다. 그러나 구글을 맹신해서는 안 된다. 지금 다시 시내로 방향을 바꾸어 걸어가고 있다. 열심히 스마트폰 검색을 해서 마침내 식당을 정했다. 이 식당은 골목 깊숙이 숨겨져 있는데도 손님들이 꽤 많다. 역시 맛집인가 보다. 식당이 오래된 흔적이 역력하다. 먹기도 전에 벌써 입맛이 당긴다. 입보다 눈으로 먼저 음식을 먹나보다.

메인으로 치킨 요리, 에피타이저로 아보카도와 오렌지 샐러드, 호박 크로 켓, 치즈 파이를 주문했다.

'호박 크로켓'이 먼저 나왔다. 이곳 말고도 다른 식당에서도 맛을 본 음식 이다. 단면에 하얀 덩어리처럼 보이는 건 페타치즈이다. 자극적인 맛이 없어 담백한 맛을 좋아하는 사람들에게 추 천하고 싶다. 채식주의자 식단을 만들 때 메뉴에 추가해야겠다고 생각했다.

다음은 위의 호박 크로켓을 자른 면이다.

치즈 파이 Tyropita가 나왔다. 그리스 음식에서 페타치즈가 들어가는 음식은 상당히 많다. 샐러드, 파이, 빵, 파스타, 디저트 등. 손가락으로 누르면 부스러지는 그리스 국민치즈이다. 소금물에 보관하기 때문에 짜다. 오래될수록 치즈 맛은 짜진다.

10여 년 전 한국에는 페타치즈 수요가 아주 적어서 수입이 거의 안 되었고 페타치즈 가격이 무척 비싸서 이 치즈가 들어가는 그리스 음식은 만들기가 힘들었다. 나는 페타치즈를 직접 만들기로 결심하고 당시 모 대학원에서 이 분야를 공부하는 학생과 한국 최초로 페타치즈를 만들었다. 그당시 페타치즈를 만들며 밤을 새곤 했는데 내가 운영하는 식당에서는 페타치즈를 5년 이상 직접 만들어 사용했다. 요즈음은 페타치즈를 판매하는 곳이 많아졌고 가격도 좋다.

페타 이야기를 너무 오래 했나 보다. 페타치즈와 다른 치즈를 섞어서 이 치즈 파이의 속을 만들어도 된다. 물론 치즈만 들어가는 것은 아니다. 필로(Filo)라고 하는 얇은 밀가루 피를 겹겹이 5장정도 쌓고 그 위에 이 치즈 양념을 올린다. 그리고 다시 필로를 5장정도 올린다. 그리고 오븐에 굽는다. 먹을 때는 꿀꺽하고 한순간에 먹지만 만드는 데 이처럼 손이 많이 간다.

　치킨 요리가 나왔다. 주인 설명으로는 크레타와 이스라엘이 혼합된 요리라고 한다. 대추가 들어가서 국물에서 단맛이 난다. 어떻게 이스라엘 음식이 크레타 음식과 혼합될 수 있는지 궁금했다. 웨이터에게 묻진 않았다. 그가 바쁘기도 하지만 모를 것 같아서였다. 이 식당 여주인이 이스라엘 출신이 아닐까 하는 상상을 잠시 해본다.

　디저트가 나왔다. 그리스 음식점 전부는 아니지만 특히 크레타에서는 주문한 식사를 마치면 달콤한 디저트와 40도짜리 술 '라키(raki)'를 서비스로 준다. 대단히 재밌다. 이들은 그 독한 술과 디저트가 내장을 편하게 해서 소화를 잘 시킨다고 생각한다. 이 라키는 터키에도 흔한 술이다.

　오후 1시가 채 안 된 시간이라 태양이 몹시 따갑다. 우리가 먹었던 식당은 잘 되는 음식점이다. 식사를 마치고 식당을 나서는데 홀은 손님들로 꽉 차 있다. 점심을 마치고 다시 이라클레온으로 향했다.

달리는 차안에서 요르고스의 전화를 받다

"조르바, 어딥니까? 산토리니는 아니지요?"

요르고스는 다 알고 있다는 듯이 너털웃음을 웃으며 자기는 아직 아테네에 있다고 말했다.

"요르고스, 잘 아시는군요. 산토리니는 오늘 못 가고 내일 출발 예정입니다. 내일도 가능한지 확실히는 모르지요."

"요 며칠간 일기예보를 계속 보고 알지요. 아마 내일은 떠나실 수 있을 겁니다. 오늘 밤부터 바람이 수그러든다고 해요. 오늘 아테네에서 6시에 크레타로 출발합니다. 9시쯤엔 이라클레온에서 볼 수 있을 거예요. 밤에 숙소로 직접 들르겠습니다. 제 차를 공항에 주차시켰으니까요."

"이라클레온에서 차로 15분 정도 떨어진 곳에 예약을 했습니다. 지금 그리로 가는 중입니다. 주소는 문자로 알려 드리지요. 그리고 피곤하실 텐데 늦으면 다음에 한국에서 보면 어떨까요?"

"조르바, 이따가 뵙겠습니다."

요르고스가 찾아오다

이라클레온의 중심에서 차로 15분 정도 가는 거리에 숙소를 정했다. 막상 가보니 생각보다는 괜찮았다. 집주인이 예술을 좋아하고 즐긴다는 것을 한눈에 알 수 있었다. 우리가 자는 방은 2층이지만 1층도 둘러보았다. 1층 실내는 낡고 퇴색했지만 가구나 소품이 예사롭지 않다. 앤틱 물건들을 햇볕 잘 드는 창가에 두고 매일 보며 즐기는 것 같다.

집주인은 나이가 50대 중반 정도에 덩치가 크고 잘 웃는 여자이다. 니코스 카잔차키스의 소설 『그리스인 조르바』의 조르바가 이 집에 묵게 된

다면 둘 다 서로 무척 좋아했을 것이다. 이 소설 속 '오르땅스' 부인과 오버랩이 된다. 내 맘 속에서 이 여인을 '오르'부인이라 부르기로 한다. 이 집이 다 좋은데 마당에서 마냥 짖어대는 성질 사나운 개가 흠이다.

요르고스한테 다시 전화가 왔다. 아테네 공항인데 여기 숙소로 직접 오겠단다. 밤 9시면 도착할 수 있다고 한다. 오늘밤에는 방문을 안 하는 것이 나한테는 최선이고 오더라도 지난번 기내에서처럼 "조르바, 두렵나요?" 같은 이상한 질문은 안 했으면 좋겠다. 그런 질문을 하면서 나를 쳐다보는 눈빛도 맘에 들지 않는다. 그 눈빛마저 '니코스 카잔차키스'의 초상화를 보는 듯하다. 비행기에서 처음 요르고스를 만났을 때 이 친구와 엮이지 말아야지 했는데 괜한 생각이 아니었다.

짐을 풀고는 저녁도 먹을 겸해서 동네 구경을 나갔다. 몇 걸음 걷지 않았는데 바다가 나와서 이렇게 가까이 있었나 하고 잠시 놀랐다. 주변에 산들만 보여서 이곳이 지중해로 둘러싸인 섬이라는 걸 잊었나 보다. 동네 아이들이 바다를 쳐다보며 나란히 앉아 있다. 여자애들 사내애들이 섞여 있는데 초등학교 고학년 정도 되나 보다. 무슨 이야기를 나누고 있는지 이 조용한 시골 동네에서 무얼 하며 지내는지 몹시 궁금해진다.

이윽고 바다 저편에도 노을이 살짝 드리운다. 아이들 뒤에서 바다를 구경하며 앉아 있다가 저녁을 먹기 위해 동네 저편으로 들어가 본다. 숙소 주인 오르 부인이 알려준 동네 유일의 음식점으로 가는 길이다. 10여 분 시골길을 걸었다. 그리스의 한적한 시골길이지만 외국이라는 느낌이 딱히 들지 않는다. 드디어 저쪽으로 조그만 음식점이 하나 보인다. 가까이 가보니 카페라고 되어 있다.

외관이 깨끗하고 단출해서 마음에 들었다. 우리보다 먼저 온 한 팀이 이른 저녁식사를 하고 있다. 젊은 엄마와 어린 딸이 복장을 멋지게 하고 식사를 하고 있다. 이 카페는 나이 드신 엄마가 주방에서 일하고 젊은 아들은 홀 서빙을 한다. 사람 내왕이 별로 없는 이런 시골의 식당에 과연 누가 올까 하고 생각하고 있을 때 손님들이 하나둘 들어온다. 우리가 식사를 마칠 즈음엔 어느덧 좌석이 꽉 찼다. 이 조그만 시골 식당이 꽉 차다니 웬일일까?

그리스에 와서 '그리스 식 샐러드'를 주문했다. 토마토, 양파, 오이, 파프리카, 짭짤한 칼라마타 올리브 그리고 두부처럼 크고 흰 페타(Feta) 치즈가 보인다. 아, 치즈 위에 뿌린 레몬 드레싱을 빼놓을 수 없다. 건강한 맛이 온몸에 퍼진다.

돼지고기 그릴 구이이다.

치킨 그릴 구이이다.

이번에 나온 것은 동글동글한 튀김 요리 '호박 크로켓'과 이것과 함께 먹으면 좋은 '마요네즈 소스', 그 옆의 노란 소스는 Fava bean이라는 콩을 삶아 갈아서 만든다. 이것은 그냥 먹어도 좋고 스틱형 샐러드의 디핑 소스로도 그만이다. Fava bean sauce를 크레타 다른 곳에서도 여러 번 먹어 봤다. 들르는 식당마다 서비스로 나왔는데 무척 짜서 다 먹지 못했던 기억이 있다. 이 집은 짜지도 않고 새콤한 레몬향도 아주 좋다.

이 콩 요리를 좀 더 보기 좋게 내놓으려면, 올리브 오일과 케이퍼를 올리고 초록색이 나는 허브, 바질 등을 뿌려준다. 마지막으로 엑스트라 버진 올리브 오일을 둘러준다. 이 집은 시골 음식점답게 아주 투박하게 서비스한다.

화이트와인을 신청했더니 위 사진처럼 커다란 잔에 투박하게 나온다. 이들은 와인 잔이 아니라 평범한 컵에 부어 마신다. 이들에게 와인은 일상적인 음료 그 이상도 그 이하도 아니다. 와인 잔이 얇아서 부딪힐 때마다 조심스러웠는데 여기서는 편안하게 후배들과 잔을 부딪칠 수 있었다.

　숙소로 일찍 돌아와서 짐을 꾸렸다. 요르고스가 9시경에 온다고 해서
계속 신경이 쓰인다. 요르고스한테 전화가 왔다. 집 앞에 벌써 왔단다. 밖
으로 나가 그를 데리고 방으로 들어왔다. 하룻밤 잠깐 눈만 붙이고 나갈
거라 방이 넉넉하지는 않다. 요르고스는 자기 집에 들르지도 않고 공항에
서 바로 이곳으로 왔다.

　그는 와인 1병과 우조도 750㎖ 큰 병으로 공항에서 사왔다. 우리도 낮
에 샀던 맥주를 꺼내놓고 안주로 소금 땅콩을 꺼내 탁자 주위로 둘러앉았
다. 남자들 네 명의 목소리가 커지니까 '오르' 부인이 잠시 올라왔다. 요르
고스가 그리스말로 그녀와 몇 마디 나누더니 1층으로 내려가자고 한다. 이
곳은 좁아서 불편하니까.

졸지에 '오르' 부인도 자리를 함께 하게 된다. 잘 모르는 남자 네 명이 있는데 여자 혼자 혹시 불편하면 방에 들어가 잠을 자도 괜찮다고 말할 뻔했다. 맙소사! 그 말을 만약 했다면 나의 혀는 그녀로부터 적어도 한 달간은 지독한 저주를 받았을 거다. 그녀의 다음 행동을 보고 알았다.

안주에 대해 아무 말 안 했는데도 그녀는 주방으로 가서 안주로 굵은 소시지를 굽고 썰었다. 페타치즈와 토마토 등으로 그릭 샐러드도 금세 만들어 내온다. 요르고스는 처음엔 우리의 여행이 어떤지 관심을 보이며 대화를 나누었는데 그가 화장실을 다녀온 후 관심이 부쩍 적어진다. 자리를 '오르' 부인 옆으로 옮기고 그녀와 대화가 많아진 다음부터이다. 다행이다.

요르고스가 저렇게 술을 마시고 어떻게 운전을 할지, 못 가게 되면 어디서 자야 하는지 신경이 쓰였다. 나는 잠이 쏟아져서 더 이상 앉아 있기가 곤란하다. 요르고스가 '오르' 부인과 대화에 깊이 빠진 상황이 너무 고마웠다. 화장실을 나와 2층 숙소로 가서 깊은 잠에 빠졌다.

15. 산토리니 가는 길

푸른 지중해가 넘실거리다

　오늘은 크레타를 떠나 산토리니로 가는 날이다. 잠을 깨서 눈을 떠보니 J와 M이 벌써 짐을 꾸린다. 밖은 캄캄하다. 다행히 집 밖에 외등이 있어 차에 짐을 싣는 데 불편하지 않았다. 떠나기 전에 어젯밤 묵었던 집을 잠시 바라보았다. 요르고스가 타고 온 차가 그대로 서 있다. 어제에 비해 바람은 상당히 약해졌다. 차는 어둠을 뚫고 이라클레온 부두로 향한다.

부두에 도착해서 오늘 산토리니로 배가 떠나는 것을 확인했다. 오늘은 출항이 가능할 거라는 요르고스 말이 맞았다. 잠시 어제 그가 찾아와서 있었던 일이 생각났다. 짐을 내리고 J와 M은 부두에서 멀지 않은 렌트카 사무실로 차를 반납하러 갔다.

배는 정면에 조명을 환하게 켜놓은 채 정박해 있고 사람들이 벌써 승선하고 있다. 우리도 짐을 1층 짐칸으로 옮기고 계단을 오르니 객실이 나온다. 널찍하고 쾌적한 공간이 펼쳐진다. 창문 곁에 자리를 잡았다. 우리 옆자리에는 필리핀 여자와 영국인 부부가 앉아 있다. 서로 인사 겸 자기소개를 했다. 배가 드디어 움직이기 시작한다. 산토리니로 간다.

객실 한가운데 카페테리아가 있다. 사람들이 벌써 두 줄로 길게 서서 음식을 주문하고 있다. 메뉴는 크게 그리스 식과 일반 서양식으로 나누어져 있다. 이왕이면 공부도 할 겸 그리스 식으로 했다. 그리스 국민빵 '쿨쿠리', 시금치 파이 '스파나코피타'와 치즈 파이 '티로피타'를 주문했다.

그리스음식에는 필로(Filo)를 이용한 바삭한 패스트리 음식이 많다. 이것을 '파이'라고 한다. 이 속에 시금치, 닭고기, 치즈 등 다양한 재료를 넣고 오븐에 구워낸다. 시금치를 넣으면 '시금치 파이'이고 치즈를 넣으면 '치즈 파이'가 된다. 제일 흔하게 먹는 것이 '시금치 파이'다. 그리스에서는 카페에서 시금치 파이와 그릭커피로 간단히 아침식사를 하는 사람들을 자주 본다.

오늘 모닝커피는 늘 마시던 아메리칸 커피로 했는데 이 커피 향은 중독성이 강해 입에 대자마자 머리부터 발끝까지 온몸의 세포가 열리는 듯하다. 부드럽게 스며드는 커피와 바삭하고 고소한 스파나코피타가 이 아침을 즐겁게 한다.

스파나코피타는 오븐에 구워 먹는 일종의 스낵이다. 아테네 광장에 가 보면 주변 길에서도 이 파이를 판다. 내가 보기엔 스낵을 넘어서 식사대용 으로 할 만큼 사이즈가 크다. 아침에 이거 하나에 그릭커피 한 잔이면 식 사 끝이다.

시금치 파이니까 시금치가 당연히 들어간다. 말 나온 김에 시금치의 정 체부터 알아보자. 시금치는 중앙아시아가 원산지이다. 아르메니아를 거쳐 이란으로 전파된 다음 네팔을 지나 중국을 거쳐 우리나라로 4세기경 들 어왔고 서쪽으로는 역시 이란(옛날의 사산왕조, Sasanian Persian)을 거쳐 아라비아, 지중해 연안 그리고 유럽 전역으로 퍼졌다.

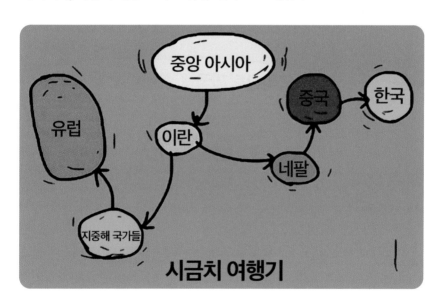

시금치 여행기

그리스 음식을 제대로 여행하려면 역사적으로 어떤 일들이 그리스 또 는 그 주변에서 있었는지 알 필요가 있다. 그리스는 기원전 1세기부터 서기 4세기까지 로마제국의 지배를 받았다. 다시 동로마제국인 비잔틴제국이

15세기까지 지배를 한다. 이어서 1830년까지 약 400년 동안은 터키의 오스만제국의 영토가 되면서 또 지배를 받는다.

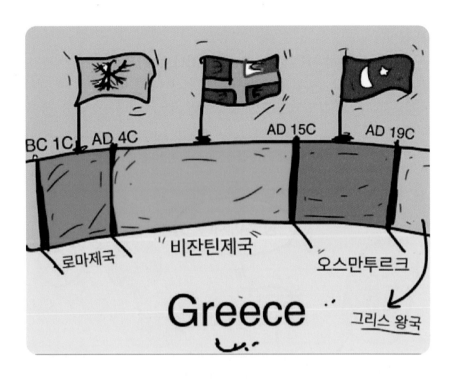

비잔틴제국은 그리스를 포함한 발칸반도를 광범위하게 지배했다. 그 시절의 공통어가 그리스어일 정도로 전반적인 문화의 뿌리는 그리스에 있었고 고대 그리스 음식을 바탕으로 비잔틴 제국의 음식을 발전시켰다. 여기에 활발한 대외무역을 통해서 해외 식재료와 향신료를 들여와 정교한 궁정 음식을 개발했다. 그리고는 그 레시피가 거꾸로 그리스 음식에 적지 않은 영향을 주었다.

당시 옆 나라 터키의 오스만제국은 우수한 조리사들을 비잔틴제국으로 음식 유학을 보내서 돌아와 새로운 음식을 개발하도록 했다. 터키 고유의 음식에 고대 그리스 음식의 색이 짙은 비잔틴제국의 음식이 합해져서 새로운 터키의 전통음식이 만들어진 셈이다.

그러다 터키는 비잔틴제국이 지배하던 그리스를 공격하여 400여 년 동안 그리스를 지배한다. 그러면서 자연스럽게 터키의 전통음식이 그리스 음식에 영향을 미치게 된다. 심지어 그리스 음식에 터키 말 음식 이름까지 붙이게 되었다. 그래서 요새 그리스와 터키 사이에 음식 원조 다툼이 생겼다. 음식은 역사적 산물이다.

간단한 아침식사를 마치고 갑판으로 올라왔다. 푸른 지중해가 거센 바람에 넘실댄다. 혼자, 둘이 또 여럿이 갑판 여기저기 사람들이 흩어져 있다.

대부분 아무 말 없이 푸른 바다를 바라보고 있다. 배는 힘차게 미끄러지듯
바다를 가르고 간다. 크레타가 점점 멀어져 간다.

갑판에서 내려와 선실로 돌아왔다. 자는 사람들이 많다. J와 M도 자고 있다. 다시 갑판 위로 올라와 바다를 바라본다. 밤새 누군가 거대한 청색 물감 통을 바다에 던져 넣은 것이 틀림없다. 어떻게 이런 파란색이 있을 수 있을까. 사람을 현혹시키는 푸른 빛에 눈을 뗄 수 없다. 배는 계속 흰 포말을 일으키며 바다를 가로지른다. 배 엔진 소리가 둔탁하게 들린다.

다시 선실로 내려왔다. 사람들은 자거나 스마트폰을 보거나 담소를 나누고 있다. 옆에 중국인 여행객들이 단체로 왔나 보다. 시끌시끌하다. 앞으로

20~30분 있으면 산토리니에 도착할 것이다. 선박 창문으로 산토리니 섬이 조그맣게 보이기 시작한다. 점점 다가온다. 이제 창문 밖으로 가까이 보인다.

산토리니에 도착했다. 부두는 산토리니에 오는 사람, 떠나는 사람들, 차량 호객꾼들로 매우 혼잡하다. 예약한 숙소까지 가기 위한 교통편을 알아보기 위해 J가 뛰어간다. 짐을 지키며 서 있는데 호객꾼 몇이 지나갔다. 가격을 부르는데 제각각이다.

J가 와서 지금 미니버스를 타야 한단다. 20여 명이 타는 작은 버스이다. 버스비가 처음에는 1인당 50유로였는데, 20유로로 깎았다니 대단한 그리스인이고 더 대단한 한국인 J이다. 그 바쁜 와중에 흥정을 했다니 말이다.

운전기사가 덩치가 크다. 남극에서 산토리니까지 헤엄쳐 온 백곰 같다. 혼자서 승객들 무거운 짐을 모두 버스 뒤에 차곡차곡 싣고는 다시 운전대를 잡고 간다. 덩치가 이 정도 커야 할 이

유가 다 있는 거다. 버스
에서는 라디오에서 낯선
음악과 언어가 흐른다.
덩치 큰 기사는 노래에
맞춰 흥얼거리기도 하
고, 고개도 끄덕거리며
즐겁게 운전한다. 미니
버스는 승객을 꽁치 캔
처럼 빈틈없이 채운 채
꼬불꼬불 산길을 잘도
오른다. 산토리니에서의
짧은 일정은 이렇게 빡
빡하게 시작된다.

버스가 산토리니 정상
가까이 오니 바람 소리
가 강하다. 산 아래로 바
다가 펼쳐진다. 조금 전 아귀다툼하듯 바글거렸던 산토리니 부둣가도 보인
다. 돈 몇 푼으로 떠들썩했던 사람들이 모래알같이 작아졌다. 이런 축소된
광경을 내려다보면 이 세상 삶의 두렵고 복잡한 문제도 작고 단순해진다.
'아무 것도 아닌 걸 가지고 내가 괜히 흥분했네!' 하고 도사 같은 깨달음을
갖는다. 다행히도 이 깨달음의 순간은 오래가지 않고 그때뿐이다. 모두 도
사가 되면 이 세상은 너무 심심하다.

이런 생각을 하고 있는데, 운전기사가 우리를 향해 지금 내리라고 큰소
리로 외친다. 이 버스에는 마이크 시스템이 없다. 승객들 내릴 곳을 하나하
나 어떻게 기억하는지 대단하다. 그리고 운전석에서 내려 버스 뒤에 쌓인

우리 짐을 빼서 던지듯 내려주고 떠났다. 그 속사포처럼 빠른 일처리가 시원하고 멋지다.

주소 한 줄 가지고 집 찾기는 쉽지 않았다. 구글 맵으로 모든 것이 다 해결되는 게 아니다. 하여간 산토리니에서 내리자마자 고생이다.

버스 내린 곳에서 무거운 짐을 끌고 20분정도는 걸어서 예약한 숙소에 도착했다. 걸어가면서 주변을 보니 이 사람들도 빈 땅에 농사를 짓고 있었다. 그런데 흙이 온통 바위와 돌투성이다. 건조해서 도대체 뭐 하나 기를 것이 없어 보였다. 숙소로 가는 주변 경치는 평범했다. 사진에서 보았던 산토리니의 예쁜 장면들은 어디 갔나?

이윽고 숙소를 찾아 들어갔고 대학생처럼 어려 보이는 집주인이 열쇠를 주러 와 있었다. 집은 크지 않았지만 깨끗했다. 그러나 숙박비는 지금껏 있었던 이스탄불, 아테네, 크레타의 평균 3배 이상은 되었다. 산토리니 이름값을 톡톡히 한다. 우린 짐을 내려놓고 바로 산토리니의 중심, 세상에서 가장 유명하다는 선셋 뷰를 보러 '이아' 마을로 향했다. 왜냐하면 여행 전체 일정상 산토리니에서는 하룻밤만 자고 내일은 미코노스로 떠나야 하기 때문이다.

우리는 행복해요

숙소 앞에서 버스를 타고 20분정도 가니까 이아 마을 입구에 도착했다. 시간은 낮 12시경이니까 걸어서 대여섯 시간이면 웬만한 곳은 볼 수 있겠다는 생각이었다. 이번 여행 오면서 아예 신발은 트래킹화를 신고 왔는데 좋은 판단이었다. 여행기간 하루 평균 5~6시간은 걸은 것 같다.

이아 마을 입구에서 식사를 하려다 보니까 가격이 전반적으로 높고 음식여행 메뉴로는 적당하지 않다. 점심은 베이커리 카페에서 빵과 음료로

간단히 하고 저녁은 제대로 된 식당에서 먹기로 했다. 예쁘다는 산토리니 트래킹을 드디어 시작했다. 처음에는 거의 상가로 변한 좁은 골목길을 걸어 올라가야 한다. 그러다가 하얀 벽과 파란 지붕이 나타난다.

하얀 벽을 따라 걸었다. 하얀 건물이 배경이 되면 위로 파란색은 하늘이고 아래 파란색은 바다이다. 두 파란색 사이로 사람들이 움직인다. 산토리니 트래킹을 하면서 막 결혼식을 마친 신랑신부 한 쌍을 보았다. 신부는 물론이고 흰색 드레스를 똑같이 맞춰 입은 다섯 들러리도 눈부시게 아름답다.

그들에게 다가가 사진촬영을 해도 되느냐고 물었더니 흔쾌히 허락해준다. 신부 아버지에게 "따님의 결혼식을 축하드립니다."라고 인사를 했다.

"아니오, 딸이라니 무슨 소리요. 오늘은 내 결혼식이오. 저 예쁜 여인들은 다 내 신부인데 당신 말실수한 것이요!"

신부 아버지가 농담도 걸쭉하게 잘한다. 곁에 있던 신랑과 하객들 모두 한바탕 웃는다.

　산토리니는 역시 남녀 커플이 많다. 그들의 넘치는 행복으로 이 섬은 더욱 빛난다. 갓 결혼한 한 쌍의 표정을 보면 "우리는 행복해요."라고 말하는 듯하다. 지금 이 순간은 확실히 행복하다.

　흰색 벽 아래로 고급 호텔들과 식당들이 즐비하다. 그리고 영화 속처럼 탄탄한 몸매를 뽐내며 우아하게 일광욕을 즐기는 사람도 있다. 갑자기 엉뚱한 생각이 들었다. 이곳에서 만약 '불행한 사람 찾아오기' 게임을 한다면 이거야말로 극히 고난도의 시합이 될 것임에 틀림없다. 적어도 지나치는 사람들의 표정과 행동을 보고는 절대 '불행'을 찾지 못할 거다. 본인이 자발적으로 "난 사실은 불행해요!"라고 고백한다면 몰라도.

'산토리니'를 연상하면 파랑과 흰색의 산뜻한 조합 그리고 깔끔하면서도 반짝거리는 길이 떠오른다. 그 길이 끝나면 돌과 노새 똥이 뒹구는 비포장 길이 나온다. 자잘한 화산석투성이의 길을 계속해서 1시간가량 걸으며 이 섬을 둘러본다.

 가끔씩 그리스 정교회 성당이 외롭게 서 있고 투박한 풍경과 길이 이어진다. 그리고 다시 행복해 보이는 관광객들이 가득한 거리가 나온다. 이제 조금씩 해가 기울고 노을이 지기 시작한다. 수평선 위로 붉은 기운이 퍼져 나간다.

 내 앞에 뼈만 보이는 개 한 마리가 저녁노을을 바라본다. 이 시간이면 늘 이곳에서 자기만의 경건한 의식을 치르는 건 아닐까?

이제 완전히 해가 지고 바다와 하늘은 하나의 어둠이 되었다. 쇼우 윈도
우와 호텔들의 조명은 어둠 속에서 별처럼 빛난다.

저녁 먹을 시간인데 어디가 좋을지 알 수가 없다. 일단 손님이 많은 곳을 가기로 했다. 바글거리는 식당으로 들어갔다.

연어 구이와 문어 구이를 주문했다. 두 요리 모두 그리스 본연의 맛이라기보다는 관광객 입맛에 맞춘 퓨전 음식이라는 생각이 들었다.

산토리니에서 맛있는 음식을 기대했는데 좀 더 맛볼 시간이 없는 것이 유감이었다. 이른 아침부터 하루 종일 이동을 해서 피곤했다. 숙소로 돌아오는 길에 맥주를 샀다. 맥주를 마신 후 깊은 잠으로 빠져들었다.

16. 미코노스 골목길을 걷다

민박집 아들, 아타나토스

산토리니를 오늘 떠난다. 딱 하루만의 일정이었다. 이 섬은 신혼부부나 연인처럼 로맨틱한 분위기를 위한 여행자들에게는 환상적이겠지만 나같이 음식여행을 하는 사람에겐 길게 있을 이유가 없는 곳이다. 여행 목적에 따라 머무는 기간이 달라진다.

산토리니는 섬 위쪽 일부 지역만 집중적으로 관광지로 개발했기 때문에 나머지 대부분의 지역은 평범하다. 그 일부 지역에 여행객들이 몰리고 나머지는 한산하다. 버스를 타고 꼬불거리는 길을 따라 산 위에서부터 산토리니 부두까지 내려왔다.

부두에 있는 카페에서 커피와 빵으로 간단하게 식사를 했다. 배를 기다리는 사람들로 카페가 꽉 차 있다. 어제는 중국인 관광객들이 깃발을 따라 줄지어 다녔는데 다들 어디로 갔는지 오늘 아침에는 보이지 않는다. 배를 타느라 사람들이 엄청 줄을 섰다.

아마도 우리처럼 미코노스로 가는 사람들인가 보다. 심해저의 물고기가 큰 입을 쫙 벌린 것처럼 배가 입구를 활짝 열고 승객을 빨아들인다. 가운데로 자동차나 커다란 짐이 들어가고 양옆의 계단으로 사람들이 올라간다. 짧은 시간에 그 많던 사람과 짐을 배가 꿀꺽 삼켜버렸다. 부두는 이내 텅 비었다.

해저 물고기가 큰 입을 쫙 벌린 것처럼 배가 입구를 활짝 열고 승객을 빨아들인다.

산토리니에서 미코노스까지는 3시간 남짓 걸린다. 배에 오르자 대부분의 승객들은 잠자기 시작했다, 후배들과 나도 피곤했는지 줄곧 잠자면서 갔다. 바다를 보러 일부러 나가려 하지도 않았다. 모두가 산토리니에서 본 멋진 바다 풍경으로 충만해 있기 때문이리라.

이윽고 미코노스에 도착했다. 여행객들이 배에서 수돗물처럼 콸콸 쏟아져 나온다. 부두에는 산토리니와 달리 이름이 적힌 손 팻말을 든 사람들이 많이 보인다. 공항에 얼굴 모르는 외국인 마중을 나갈 때처럼. 우리는 예약한 숙소 주인집 아들과 통화를 해서 만났다. 아들이 차를 가지고 나와 편하게 숙소까지 갈 수 있었다.

집주인 식구들은 그리스인이 아니다. 벨기에 사람들인데 어머니가 이곳

벨기에 청년이 운전하는 차를 타고 미코노스 섬을 달린다.

에서 민박집을 운영하고 아들이 잠시 일을 도와주고 있다. 그의 본래 직업
은 의사이다. 여름 휴가기간에 어머니를 도와주는 것이다. 핸섬한 데다 효
자이고 싹싹하기까지 하다.

본인의 이름은 '아타나토스'라고 한다. 부모님이 지어 주었다고 한다. '타
나토스(Tanatos)'는 죽음이란 의미이고 그 앞에 '아(A)'는 '반대'를 뜻한다.
그래서 죽음의 반대, 즉 불멸, 영원이란 뜻이다. 아들이 죽지 않고 영원히
살기를 바라는 부모의 마음은 이해한다. 그러나 이 험한 세상에서 영원히
떠나지 말라는 것은 저주가 될 수도 있다.

벨기에 청년이 운전하는 차를 타고 미코노스 섬을 달린다. 그에게 무슨
과 닥터냐고 물으니 정신과라고 한다. 이따가 저녁에 우리 방에 와서 진료

할 사람이 많다고 농담을 하니 껄껄댄다. 상큼한 공기와 경관 그리고 매력적인 젊은 청년 덕분에 미코노스가 금방 좋아졌다.

숙소는 아래쪽으로 경관이 시원하게 내려다보이는 높은 지대에 위치해 있었다. 그 청년이 빵과 열쇠 그리고 미코노스 지도를 들고 우리 방으로 들어왔다. 그는 지도를 보며 미코노스에서 가봐야 할 곳과 맛있는 식당을 알려주었다.

그가 간식으로 '팍시마디아(Paximadia)'를 가지고 와서 맛있게 나눠 먹었다. 고소하고 바삭한 식감이 나는 빵인데 오븐에 두 번 구워서 겉이 바삭거린다. 토핑에 따라서 다양하게 즐길 수 있다. 간단하게 버터나 딸기잼만 발라 먹어도 고소하다. 마트에서 이 빵을 쉽게 구입할 수 있고 어느 가정에나 있다.

이 빵에 잘게 다진 토마토와 페타치즈를 토핑한 '다코스(Dakos)'는 크레타 섬에서 특히 유명하다. 본래 목동들이 양치기하면서 먹었던 음식이다. 양들은 산언덕에서 평화롭게 풀을 뜯고 양치기는 가방에서 요리할 재료를 꺼낸다.

팍시마디아 위에 토마토, 양파, 페타치즈와 올리브 오일을 섞어서 올리고 들판에서 오레가노를 뜯어 뿌리면 향긋한 요리 다코스가 완성된다. 아하, 올리브 한 알을 올리면 훨씬 보기가 좋다. 다코스는 목동들이 파란 하늘 밑에서 양들을 돌보며 홀로 맛있게 만들어 먹었던 음식이다. 지금은 크레타 섬뿐 아니라 그리스 어디에서나 스낵이나 메인 디쉬로 먹을 수 있다.

미코노스 해변은 아름다워

짐을 풀고 간단한 복장으로 숙소 아래 바닷가로 향했다. 생각보다 거리
가 멀어 한참을 걸었다. 해변이 넓게 펼쳐 보이는 지점에서 또 좁은 길을
걸어 내려갔다. 골목길이 참 많다. 마침내 사람들이 모여 있는 해변 입구가
나온다.

파도가 밀려오는 소리가 요란하다. 해변에서 일광욕하는 사람들이 많지
는 않다. 미코노스 해변의 건물들도 산토리니처럼 온통 흰색이다. 바닷가
를 따라서 음식점들이 몰려 있다. 호객행위를 너무 열심히 해서 지나가기
가 좀 부담스럽다. 그 중 한 집에 들어갔다. 파티오에 자리를 잡고 맥주부

터 마셨다.

먼저 새우와 조개를 넣은 해물파스타가 나왔다. 토마토소스가 신맛이 별로 없고 해물들과 잘 어울려 감칠맛이 난다. 특히 올리브오일 향이 좋다. 나는 음식점에 가면 그 집의 토마토소스 맛을 보는 걸 좋아한다. 주인장의 음식에 대한 감이 어떤가를 알 수 있다.

두 번째로 문어 스튜가 나왔다. 문어를 잘 삶아 입안에서 문어 살이 녹듯이 씹힌다. 그리고 레드와인의 쌉쌀한 맛과 문어 고유의 맛이 잘 어울린다. 여기에도 토마토소스가 필요하다. 이 집의 신맛을 뺀 토마토소스는 부드럽고 깊은 맛이 난다. 이 신맛을 없애려면 소스를 옅은 불에서 뭉긋하게 오래 익혀야 한다.

　식당을 나와서 해변을 따라 걸었다. 해안에는 크지 않은 범선들이 여유롭게 떠 있고 사람들은 모래밭 위에 삼삼오오 앉아 있거나 해안을 따라 걷고 있다. 그 가운데 눈에 띄는 두 사람이 있었다. 젊은 엄마와 금발의 아이가 모래밭을 걷고 있는 모습이 보인다. 아이는 대여섯 살 정도 되었다. 둘이 뭔가 얘기를 나누다가 아이가 먼저 앞으로 달려간다. 엄마가 뛰어가 앉으며 아이와 포옹을 한다. 아이와 엄마가 눈을 맞추며 웃는다.

　해안을 따라 계속 걷다가 특이한 식당 하나를 발견했다. 바닷물이 들이칠 정도로 바다에 붙어 있는 식당이다. 가까이 가보니 주방이 두 군데이다. 그릴이 필요한 요리는 연기 때문에 식당 외부 오픈된 곳에서 하고 나머지는 식당 내부에서 음식을 만든다. 생선이나 고기를 굽느라 연기가 나는 곳으로 가 보았다. 가까이 가니까 연기가 나고 있고 맛있는 냄새가 코를 자극한다. 두 사람이 작업을 하고 있다.

그들 모두 60세가 넘은 듯하다. 내가 인사를 하고 사진을 찍어도 되냐고 물었더니 흔쾌히 허락을 한다. 그릴 위에는 고기, 생선, 야채 등 구울 것들은 죄다 올려놓고 익히는 중이다. 이렇게 숯불로 굽다가 신선한 바다 공기를 씌워주니 맛이 없을 수가 있을까.

그릴 구이 하는 곳은 임시 건물처럼 되어 있었다. 그곳에서 옆에 붙은 식당 내부를 볼 수가 있다. 맛집을 직감하고 저녁을 예약해 놓았다. 지금부터 두어 시간 지나서 약 7시경에 돌아오기로 했다.

골목길로 들어서다

식당에서 나와 다시 해안 길을 따라 걸었다. 해안에서 다시 위로 조금 올라오니까 지금까지와는 전혀 다른 분위기의 길이 나왔다.

골목길이 거미줄처럼 복잡하다. 그리고 이
거리에는 음식점, 카페, 옷가게, 악세사리
점 등 다채로운 상점이 모여 있다.

골목길이 거미줄처럼 복잡하다. 그리고 이 거리에는 음식점, 카페, 옷가게, 액세서리점 등 다채로운 상점이 모여 있다. 이 골목을 지나면서 가끔 창문이 열린 주택을 볼 수 있다. 창문을 통해서 노인들이 앉아 있는 모습도 보이고 말소리도 들린다. 아이들은 골목에서 천진하게 뛰어놀고 있다. 골목길이 전부 상업지구로 바뀐 줄 알았는데 일부 지역은 그냥 주민들이 사는 동네로 남아 있다.

그런데 말이다. 자기가 살던 고요하고 평온했던 동네가 어느 날 갑자기 관광명소가 되어 전 세계 관광객들이 들어와 사진 찍고 와글거리면 기분이 어떨까? 골목에서 노는 아이들과 방안의 노인들을 보면서 불현듯 이런 생각이 든다.

이 굉장한 골목을 다 보고 예약한 식당으로 돌아가야 한다. 왔던 길로 돌아가면서 못 보았던 것들을 보게 된다. 저녁이 가까워지니까 사람들이 더 몰려온다. 좁은 골목이 꽉 찬다. 골목에서 벗어나서 해변 쪽으로 걸어 나왔다.

예약한 식당에는 시간에 맞춰서 도착했다, 이 시간엔 손님들이 별로 없다. 우리가 식사를 주문하고 와인과 맥주를 한 잔 할 때쯤에야 손님들이 들어차기 시작했다. 예약을 안 했으면 무척 기다릴 뻔했다. 뒤를 돌아보니 문밖으로 줄이 이어져 있다.

저녁식사로 연어 스테이크와 양고기 스테이크를 주문했다. 먼저 양고기 스테이크가 나왔다. 모양은 투박했지만 맛과 질은 뛰어났다.

다음은 연어구이가 나왔다. 겉은 바삭했는데 아무래도 좀 탄 듯하다. 그래도 맛은 더할 나위 없이 훌륭하다. 가스불이 아닌 나무 장작에 굽기 때문에 나무 향이 배인 연기 맛이 일품이다. 연어 구이 소스는 머스터드에 약간 단맛을 가미했다. 생선 구이에는 가지 소스도 잘 어울린다.

해는 어느덧 바다 아래로 떨어지고 어둠 속에서 파도소리만 들려온다. 식당 밖에는 아직도 줄을 서서 기다리는 사람들이 있다. 이제 이들에게 좌석을 양보하기로 했다. 식당을 나서니 시원한 바닷바람이 기분 좋게 얼굴을 스친다.

집까지는 1시간 정도 걸어야 한다. 차가 달리는 해안도로를 걸어야 하는데 도로에 올라서니 가로등도 없고 인도도 따로 없다. 아까 환할 때는 무리

없이 왔는데 지금은 걷기에 위험하다. 태블릿 전원 불빛을 흔들어 지나는 차량에 신호를 보내며 밤길을 걸었다.

15분 정도 걸은 다음 불빛 환한 관광구역에 들어설 수 있었다. 아까는 별 생각 없이 발 가는 대로 마구 걸어서 너무 멀리 갔던 것 같다. 미코노스 해변은 밤이 되니 생기가 나고 더 활기차게 움직인다. 관광지들은 철저하게 야행성이다.

다시 길을 건너고 좁은 골목길을 지나 인적 없는 들판도 걸었다. 다행히 보름이 가까워 달빛이 환했다. 만약 혼자서 숙소까지 이 먼 길을 걸어서 그리고 빈 집에 나 혼자 들어가 침대에 눕는다면 얼마나 쓸쓸하고 외로울까. 함께해서 감사하고 더 편안해진 밤이다.

17. 노인들이 벗다

해수욕장을 찾아서

미코노스에 온 지 이틀째이다. 아침에 J가 만든 그릭커피를 마신 후 짐을 챙겨 길을 나섰다. 오늘은 Sea bus를 타고 옆 동네로 가서 점심을 먹고 미코노스에서 '소문난 해수욕장'에 갈 예정이다. 숙소에서 Sea bus를 타기 위해서는 부두까지 한참을 내려갔다. 부두에는 Sea bus를 타려는 사람들이 모여 있다. 일반 버스를 타고 육로를 통해 갈 수도 있지만 바닷길로 가면서 아침바다를 보는 것도 운치 있고 설레는 일이다.

이곳에서 조그만 배를 타고 십여 분 달려서 옆 동네에 도착했다. 이곳이 새로운 항구라고 한다. 그러니까 Old Port에서 New Port로 짧은 배 여행을 한 거다. 하늘은 미세먼지도 없이 깨끗하다. 덥지도 춥지도 않은 날씨다. 부두에서 얼마 걷지 않아서 가려고 했던 식당이 보였다. 숙박집 주인 아들 아타나토스가 추천한 식당이다.

오전 11시가 조금 넘은 시간이었다. 점심을 먹기에는 좀 이른 시간이다. 식사 되느냐고 했더니 직원들이 놀면서도 안 해준다. 11시 30분이 되니까 그제야 앉아 있던 종업원들이 슬슬 움직이기 시작한다.

그리스에 도착해서 식당에서 매일 예닐곱 개의 그리스 음식을 맛보니까 이젠 주문하지 않은 메뉴를 찾기 어려울 지경이다. 이번에는 그리스 가정

에서 즐겨먹는 음식을 먹어 보기로 했다. 그리고 이왕이면 그릭조이에서도 조리가 가능한 메뉴로 했다. 먼저 닭요리를 주문했다.

닭요리가 먼저 나온다. 음식에 대해 간단히 얘기하면 올리브 오일, 레몬즙과 마늘 향으로 밑간을 한 닭고기와 감자를 오븐에 구운 요리이다. 그리스인들이 좋아하는 오레가노 향이 들어 있고 레몬의 새콤한 맛과 소금간이 적당하다. 특히 감자가 겉은 바삭하고 속은 부드럽다.

돼지고기 스튜가 두 번째로 나왔다. 미코노스 스타일이라고 메뉴에 적혀 있다. 함께 익힌 야채도 아삭아삭 씹히는 게 부드러운 고기와 잘 어울린다. 특히 그뤼에르 치

돼지고기 스튜가 두 번째로 나왔다. 미코노스 스타일이라고 메뉴에 적혀 있다.

이 집은 서비스로 빵을 많이 준다. 빵의 종류도 많고 무엇보다 맛이 기막히게 좋다.

식당의 앞마당이다. 여기서 미코노스 새 항구와 바다가 보인다.

즈가 녹아 있는 소스가 풍미를 더한다. 보통 그리스 식 스튜는 '스티파도 (Stifado)'라고 해서 토마토소스를 사용한다. 그리고 돼지 스튜는 보통 샐러리와 레몬 소스를 많이 사용한다.

이 집은 서비스로 빵을 많이 준다. 빵의 종류도 많고 무엇보다 맛이 기막히게 좋다.

식당의 앞마당이다. 여기서 미코노스 새 항구와 바다가 보인다. 햇빛 좋은 이곳에서 바다를 보며 식사를 했다.

다시 배를 타고 옛 항구 Old Port로 돌아갔다. '소문난 해변'으로 가려면 그곳에서 버스를 타고 가야 한다. 버스정류장까지는 걷기로 했다. 걸으면

나는 미코노스 해변을 따라 가을 햇볕과 바람을 느끼며 걷는다. 고로 나는 살아 있다.

여인들이 비키니나 거의 누드 차림으로 누워 있다.

보이는 것이 많다. 두 발이 땅에 닿고 떼어질 때 내가 살아 움직인다는 느낌을 구체적으로 갖는다. 나는 미코노스 해변을 따라 가을 햇볕과 바람을 느끼며 걷는다. 고로 나는 살아 있다.

버스를 타러 해변에서 미코노스 다운타운으로 올라왔다. 관광객들이 이곳에 다 몰려 있나 싶을 정도로 많다. 버스 탑승시간이 조금 남아서 카페에서 커피를 마셨다. 역시 '아메리카노'를 주문했다. 음식은 다양하게 먹는데 커피 습관은 바꾸기가 쉽지 않다.

버스를 타고 약 40분 정도 갔다. 우리네 유명 해수욕장이면 그 입구에서부터 시끌시끌할 텐데 음식점이나 술집 하나도 보이지 않고 조용하다. 여인들이 비키니나 거의 누드 차림으로 누워 있다. 사실 벗은 채 누워 있는 그들 머리맡을 지나가면서 미안하기도 하고 민망하기도 했다.

9월 중순이면 살짝 철지난 바닷가이다. 바다에 들어가지 않아서 물이 얼마나 차가운지 모르겠지만 여름이 아쉬운 이들에게는 그리 차갑지 않을 것이다. 해변의 중간쯤에 멋진 식당이 있다. 아타나토스가 맛집이라고 추천해준 집이다. 모래밭에 테이블이 놓인 바닷가 풍경이 멋진 식당이다.

이 식당의 주방과 홀을 구경
하고 그들이 일하는 모습을 보
았다. 사진을 찍는다고 하니까
환한 미소를 짓는다. 주방 안은
한국이나 그리스나 전쟁터를 방
불케 한다.

연어가 들어간 감자 샐러드를
주문했다. 그리스인들은 감자를
무척 즐겨 먹는다. 10년 전 크레
타 섬에 갔을 때 어느 식당 사장
한테 그리스인들의 주식이 뭐냐
고 물었다. 그가 대답하기를 빵,
감자, 파스타, 쌀 순서라고 했다. 물론 그의 개인적인 견해겠지만 감자가 그
리스 사람에게 주는 특별함을 알 수 있다.

하지만 그리스 음식에 감자가 등장한 것이 그렇게 오래된 일은 아니다.
오래 전에 감자는 유럽인들에게 생소한 것이었다. 콜럼부스가 신대륙을
발견한 이후 유럽에 들어온 작물이다. 재미있는 것은 처음 감자가 그리스
에 들여올 때 엄격한 그리스 정교회 신부들이 반대를 했다. 반대한 이유는
성경의 창세기에 나오는 무화과와 비슷한 걸로 보고 음식으로 먹는 것을
금지했다고 한다.

오스만제국이 그리스를 지배하고 있을 때 감자가 들어왔으니 우리의 쌀 역사만큼 길지 않다. 짧은 기간 내에 그리스 국민들에게 엄청난 사랑을 받게 된 셈이다. 감자는 오늘날 그리스 음식에서 필수적인 곡물로 되어 버렸다.

다시, 이 소문난 해변의 멋진 식당으로 돌아가자.

새콤한 감자 샐러드와 연어의 조합이 어떤 것인지 보고 싶었다. 그릭조이에서 와인 안주로도 좋을 듯했다. 연어를 감자 샐러드에 집어넣은 것은 이 집만의 아이디어인 것 같다. 외국인 여행객들의 입맛을 고려한 레시피가 아닐까 싶다.

그리스 전통 감자 샐러드에는 올리브 썬 것, 케이퍼, 캐러웨이, 엑스트라 버진 올리브 오일이 들어간다. 이런 재료들이 빠져 있어 실망이었다. 다행히 상큼한 레몬-올리브 오일 드레싱은 생략되지 않아서 그리스 식 감자 샐러드를 유지한 셈이다. 이 샐러드 위에 뿌린 것은 마요네즈 드레싱이다.

그리스인들도 우리처럼 호박을 즐겨 먹는다. 이 동글납작한 것은 호박 크로켓이다. 이번 여행 중에 채소 크로켓을 몇 차례 먹어 보았다. 이번 것이 좋았는데 크로켓과 함께 나온 마늘 소스가 맛있어서 그런가 보다. 아테네보다 마늘 향이 조금 강했다. 크로켓은 튀김 요리이다.

매운 페타치즈 소스 Tyrokafteri가 나왔다. 그리스에서 빵에 발라 먹는 스프레드로 애용한다. 지금 주문한 메뉴들은 와인이나 맥주를 마시면서 함께 먹으면 좋은 음식들이다. 이런 해변의 식당은 요란한 메인 디쉬보다는 다양하면서도 단순한 술안주에 강할 거라는 생각이 들었다. 마치 해변의 포장마차처럼.

식사를 마치고 해변을 따라 더 걸었다. 말로만 듣던 누드촌을 보았다. '촌'이라 할 만큼 벗은 사람은 많지 않다. 열댓 명 정도가 벗은 상태이다. 해변의 맨 가장자리에 나이 지긋한 남자들과 중년 정도의 여자들이 누드'촌'을 이루고 있다. 자기만 벗은 게 아니라 다른 사람도 벗었다고 하더라도 쉽지 않은 일이라 여겨졌다. 그 해변의 끝자락까지 걸었다. 마지막까지 이 바닷가는 조용하다. '소문난 바닷가'는 무엇이 그토록 유명해서 '소문'이 난 것일까?

그릴에 맛있게 구워라

'소문난 바닷가'에서 버스를 타고 숙소가 있는 쪽으로 돌아왔다. 이곳은 아직도 사람들로 북적거렸다. 다시 좁다란 골목길로 들어섰다. 그 길을 통과하면 바닷가가 나온다. 골목길을 지나는데 아이들이 놀고 있다. 절로 미소가 지어지는 너무 예쁘고 해맑은 아이들이다. 크레타에서 본 아이들처럼 말이다.

바닷가로 나와 또 걷는다. 해가 바다를 붉게 물들이며 수평선에 걸려 있다. 청년 둘이 노을을 보며 해변에 앉아 이야기를 나누고 있다. 눈부시게 아름다운 장면이다. 저녁은 어제 먹었던 바닷가 식당에 다시 가기로 했다. 그 식당이 바로 눈앞에 있다. 식당에 들어가 자리를 예약하고는 그릴 구이하는 장소로 가 보았다. 어제 한 번 봤다고 나이 지긋한 요리사들이 반갑게 인사를 건넨다.

그릴 위에는 벌써 여러 가지 식재료가 올라와 있다. 큼직한 돼지고기 수블라키, 생선, 새우, 야채 등이 연기를 뿜으며 맛있게 익어가고 있다. 그릴에 다가가서 자세히 살펴보았다. 어제 왜 그토록 맛있었을까? 좀 더 특별한 이유가 있을 텐데 말이다. 감미롭고 상쾌한 바닷바람에 쐰 이 음식이 특별히 맛있을 수밖에 없다는 것이 가장 설득력이 있겠다.

홀 안으로 들어갔다. 이미 사람들이 가득하다. 하루를 마감하는 느긋한 소란스러움이 마음을 편하게 해준다. 역시 문 앞에는 사람들이 줄 서서 기다리고 있다. 예약한 자리에 앉아 와인 한 잔 하며 줄을 서 있는 손님들을 보니 괜찮은 식당에 온 것 같은 느낌을 다시 받는다. 굳이 기다리더라도 먹고 가야겠다는 손님의 마음이 마구 공감되는 순간이다. 지금 주방은 전쟁터처럼 정신없이 돌아갈 것이다.

오늘은 그리스 식 오징어순대, 치킨 샐러드 그리고 전에 몇 번 먹었던 예미스타를 주문했다. 주문했던 음식이 나온다. 오징어순대가 먼저 나왔다. 이번 여행에서 아테네 피레우스 항구주변에서도 먹은 음식이다. '칼라마리 예미스타'라고 하는 오징어 요리이다. '칼라마리'는 오징어이고 '예미스타'는 속을 '채워 넣다.'라는 그리스 말이다. 그래서 '오징어순대'라고 한다. 지금 나온 그릴에 구운 오징어순대는 맛은 좋은데 조금 탄 게 아쉬웠다.

어느 나라에서든 오징어를 보면 속을 채워야겠다는 마음이 생기나 보다. 그리스 식은 오징어 속을 페타치즈와 채소로 채우고 그릴에 굽는다. 그리고 새콤하게 레몬즙을 잔뜩 뿌려서 먹는다. 이탈리안 식당에 가도 오징어 요리는 '칼라마리'라고 적혀 있다.

치킨 샐러드가 나왔다. 나도 메뉴판에는 없지만 가끔 치킨 샐러드를 만들 때가 있다. 손님이 특별히 주문하거나 알바생 특식으로 가끔 만든다. 그래서 이 집에서는 어떤 식으로 하는지 궁금했다.

다른 그리스 음식점들도 흔히 그렇지만 이 집도 음식을 접시 위에 예쁘게 장식하지 않는다. 치킨 샐러드를 보니 당근의 붉은빛이 너무 강렬하고 가장자리 흰색의 갈아놓은 치즈는 마구 뿌려놓아서 전체적인 비주얼이 어수선하기까지 하다. 치킨의 육즙이 좀 빠진 듯했지만 오히려 담백한 맛이 입을 즐겁게 한다. 역시 뚝배기보다 장맛인가?

도마데스예미스타를 주문했다. 위에서 말한 대로 음식 이름에 '예미스타'가 들어 있으니까 토마토에 뭔가 채운 음식이다. 이 집은 다른 집과 다르게 토마토 윗부분에 쌀밥이 그대로 보이지 않게 치즈로 덮고 파슬리를 뿌렸다. 맛은 다른 집과 비슷하다.

이 음식도 그리스에서만 즐기는 것은 아니다. 9년 전쯤 지중해 국가들 대사관이 주관해서 나라별 음식 대회를 열었다. 당시 그릭조이에서도 이 행사에 참여했다. 그때 전시하고 판매한 음식 가운데 이 토마토 요리가 있었는데 레바논과 터키에서도 같은 음식을 판매해서 당황한 적이 있다. 그만큼 지중해 연안 지역에서 폭넓게 즐겨 먹는 음식이라는 걸 알 수 있다.

식당을 나섰다. 철썩이는 파도소리를 들으며 바닷가를 걸어 숙소로 향했다. 지금까지는 그리스의 평범한 음식들을 맛보았다면 내일부터는 이번 그리스 여행의 정점이라 할 수 있는 장수음식을 만난다. 세계 5대 장수촌의 하나인 '이카리아 섬'으로 간다. 이번 여행에서 '이카리아 섬'이 가장 기대가 된다.

18. 장수촌 이카리아에 가다

안녕, 미코노스

이제 미코노스를 떠난다. 아침 일찍부터 J와 M의 화장실 드나드는 소리, 짐 챙기는 소리에 잠이 깼다. 나도 서둘러 씻고 가방을 챙겼다. 그 와중에도 모닝커피가 마시고 싶었다. 카페인 중독이다. 아메리카노가 좋은데 여기엔 그릭커피뿐이다. 그릭커피를 마셨지만 내 몸이 원하는 카페인 양과 커피 향이 들어온 느낌이 들지 않는다.

'그릭커피(Greek Coffee)' 또는 '그리스 커피(Greece Coffee)'는 필터에 거르지 않고 끓여서 만든다. '브리키(Briki)'라는 조그만 금속용기에 물을 넣고 커피가루를 풀어 끓여서 만든다. 브리키는 주로 열 전도성이 좋은 구리로 만드는데 긴 손잡이가 달려 있다. 이 커피는 터키에서 전래되었다.

막 끓인 그릭커피는 커피가루가 브리키 안에서 붕붕거리며 자유 운동을 한다. 7분에서 10분이 지나면 가루가 바닥에 가라앉는다. 그때 그릭커피인 '엘리니꼬 까페'를 마시면 된다. 커피를 다 마시고 나면 바닥에 커피가루가 남아 있다. 이 가루의 형상으로 점을 치기도 한다.

그릭커피 소개가 좀 길었다. 민박집 아들 아타나토스가 방으로 들어오면서 아침인사를 한다. 목소리와 몸놀림이 활기차다. 그 젊음이 부럽다. 숙소 문 앞에 놓은 트렁크들 가운데 가장 큰 것을 들고 자기 차 트렁크에 싣는다.

브리키

냉수에 커핏가루를
넣고 끓인다

냉수

불

막 끓인 그릭커피는 커피가루가 브리키 안에서 붕붕거리며 자유 운동을 한다.

상쾌한 해변 공기를 가르며 부두까지 달렸다. 고마워. 미스터 '영원불멸'!

부두에 도착하니 벌써 이카리아로 향하는 배가 와 있다. 선박의 크기가 지금까지 탔던 배들보다 작다. 세계 5대 장수촌 가운데 하나인 '이카리아'로 가는 손님은 얼마 되지 않았다. '오래 사는 것'에 관심이 적은가? 승선 후에 갑판 위로 올라가 보려 했지만 이 선박은 여러 가지 이유로 갑판 위로 갈 수가 없다. 객실로 돌아와 보니 승객 모두들 자는 분위기이다. 나도 누워 잠자는 수밖에.

한참 자고 있는데 M이 깨운다. 이카리아에 곧 도착한다. 바로 커튼을 열고 섬을 살펴보았다. 부두에 사람들이 보이지 않는다. 산토리니나 미코노스 항구에는 사람들이 얼마나 많았던가. 떠나는 사람, 오는 사람들로 가득했었다.

바다색이 장난이 아니야

배가 부두에 도착했다. 짐을 끌고 이카리아 섬 안으로 들어갔다. 이 섬은 개발이 안 된 아주 작은 어촌 정도로 내 머릿속에 각인되어 있었고 이곳에 오면 마치 <로마의 휴일> 같은 흑백영화를 볼 때의 느낌을 받을 거라 생각했었다. 그러나 '이카리아'의 실제 모습은 내가 상상했던 것보다 '새것'이었다.

그렇다고 해서 이 섬이 지금 호텔, 음식점 등이 요란하게 들어서고 관광

객들이 떼 지어 다니는 그런 모습은 아니다. 다행히도 아직도 관광지로 개발이 되지 않은 고즈넉한 시골 어촌이다. 이 섬에 대한 기대는 크다. 여기서 장수음식에 대해 알아보고 꼭 먹어보고 싶다.

예약된 숙소로 향했다. 이곳에서도 택시를 안 타고 가방을 메고 짐을 끌면서, 길고 구불구불한 언덕길을 40분 정도 걸어갔다. 고생은 좀 하지만 두 발로 걸으면서 주변을 둘러보면 보이는 게 많다.

부두 주변에는 조그만 동네식당 서너 개가 붙어 있다. 점심도 먹어야 하니까 식당들을 살펴보았다. 어떤 식당은 열어놓기는 했지만 홀에 전등이 꺼져 있어 영업을 하는지 모르겠고 어떤 식당은 홀에 종업원들이 전부 나와 앉아 있다. 주방의 조리사도 나와서 밖을 보며 앉아 있다.

가족끼리 하는 식당인 것 같다. 그렇게 보인다. 간판에 적힌 메뉴에서 이 지역만의 독특한 것 즉 특별히 장수와 연관된 음식은 보이지 않는다. 마음 속 저편에 숨어 있던 불안과 의심이라는 벌레가 한 마리씩 고개를 쏙 내민다. "이카리아는 아직 시작일 뿐인데 뭐." 하면서 마음을 달랬지만 마음속엔 벌써 그 벌레 두 마리가 조금씩 기어 다닌다.

부두에서 짐을 끌고 30분은 걸어 긴 언덕길을 오를 때, 부두에서 택시를 탈 걸 그랬나 하는 생각이 잠깐 들었다. 사람의 마음은 이렇게 깃털처

마음속엔 벌써 그 벌레 두 마리가 조금씩 기어 다닌다.

럼 가볍다. 맨 앞에 M이 걸어가고 그 다음 J, 맨 뒤에 내가 걸었다. 간격이 30미터 이상 떨어져서 천천히 걸었다.

드디어 호텔에 도착했다. 시설이나 주변 경치가 생각보다 훌륭하다. 이 동네에 하나뿐인 호텔이다. J는 여기에 방 둘을 예약했다. 아마도 예약 당시에는 3인실이 없었나 보다.

프론트에서 일하는 여직원을 보았다. 엄청 야무지게 보였는데 그녀의 영어 발음이 너무 훌륭하다. 영어를 잘하면 다른 것도 잘할 거라는 웃기는 신앙을 나도 가지고 있나 보다. 그녀는 그리스인의 영어 발음이 아니다. 마치 미국인을 여기에 스카우트한 것 같아 어디 출신이냐고 물었더니 그리스인인데 어려서부터 캐나다에서 교육을 받았다고 한다.

그녀가 우리를 방으로 안내했다. 가는 도중에 호텔 야외 수영장도 보았다. 배가 제법 나오고 머리가 벗겨진 중년사내가 수영을 한다. 남자들은 나이를 먹으면 전 세계적으로 형제처럼 비슷해지나 보다. 호텔 내부가 훌륭했다. 객실 창문을 다 열었는데도 사방이 너무나 조용하다. 이 섬은 1, 2차 세계대전을 경험도 못 하고 지나갔을 것만 같다.

객실 베란다에서 가까운 해변이 내려다보인다. 바닷물 색깔이 장난이 아니다. 초록과 파랑이 절묘하게 섞여 있다. 저 바닷물에 몸을 꼭 담그고 돌아가야겠다고 생각했다. 방이 둘이지만 거실이 있기 때문에 내가 거실을 쓰고 J와 M이 각각 방 하나씩 쓰기로 했다.

'장수 음식'은 어디에

점심을 해결하기 위해 숙소까지 걸어왔던 길을 다시 걸어 나갔다. 1시간 넘게 군대에서 행군하듯 걸었다. 걷는 동안 이 섬의 집들과 길을 자세하게 볼 수 있었다. 공기도 좋고 날씨도 쾌청해서 창문을 활짝 열어놓고 생활할 것 같은데 의외로 한겨울처럼 창을 꽁꽁 닫아 놓았다. 이곳도 크레타, 미코노스, 아테네의 주택가에서 본 것 같이 길이 몹시 좁다.

마주보는 작은 집들이 서로 끌어안듯이 바짝 붙어 있고 그 사이로 길이 있다. 그 길로 자동차가 지나가는 모습이 꽤나 힘들어 보인다. 이상하리만치 길에는 사람이 거의 보이지 않고 아주 조용하다. 지금도 이런데 겨울이 오면 정말 적막하겠다.

골목길을 지나 지중해가 바라보이는 해안가를 걷고 있다. 차는 거의 없다. 우리 셋만 유니폼을 입고 모자를 눌러쓴 채 터벅터벅 걸어간다. 철썩거리는 파도소리만 들린다. 맨 앞에서 걷던 M이 손을 흔든다.

식당을 찾았다는 신호이다. 300미터는 넘게 걸어야 도착이다. 이번 여행에서 이 정도 거리는 한 뼘도 안 되는 거리처럼 느껴진다. 그동안 많이 걸었기 때문이다. 식당에 가려면 큰 운동장을 지나서 언덕으로 올라가야 한다.

드디어 식당에 도착했다. 이카리아의 어느 누구도 제정신이라면 이 식당에 걸어오지는 않을 것이다. 식당이 너무 인적이 없는 곳에 자리를 잡았다. 식당 정원 한 구석에 노인 한 분이 식사를 하고 있다. 손님인 줄 알았는데 이 식당 사장의 아버지였다. 그러니 손님은 우리뿐이다. 식당이 너무 넓고 크다.

해변이 잘 보이는 위치에 자리를 잡았다. 시원한 맥주를 시키고, 메뉴를 자세히 들여다보았다. 관광국가인 그리스에서는 시골 어디를 가도 식당 메뉴는 대부분 그리스어와 영어로 나란히 씌어 있다. 외국인도 영어만 조금

마주보는 작은 집들이 서로 끌어 안듯이
바짝 붙어있고 그 사이로 길이 있다.
그 길로 자동차가 지나가는 모습이
꽤나 힘들어 보인다.

알면 주문은 할 수 있다. '장수'라는 단어가 적힌 메뉴는 없다. 아무리 보아도 이 집에선 '장수' 음식을 하지 않는 듯하다.

웨이터 겸 사장을 불러 이카리아에 장수음식이 있느냐고 물었다. 처음에 내 질문이 무슨 말인지 이해를 못 하다가 그런 음식을 자기네는 안 한다고 한다. 그러면 이카리아 섬 어디서 하는지 알려 달라고 해도 젊은 사장은 모른다고 한다. 내 머릿속에 숨어 있던 의심과 불안의 벌레들이 갑자기 쏟아져 나와 나의 뇌를 핥고 물기 시작한다. 내 표정을 보고 식당 사장은 묘한 말을 한다. 자기네 '먼 친척' 되는 분이 여기서 가까운 산속에서 음식점을 하는데 혹시 거기에 가면 도움이 '될 것 같다.'고 한다.

이 나라는 먼 친척들이 왜 이리 많은지 모르겠다. 가까운 친척들은 다 어디 갔는지. 요르고스도 '니코스 카잔차키스'가 먼 친척이 된다고 하지 않았던가. 어딘지 알려줄 수 있냐고 했더니 이 근처 산속이라는 건 아는데 더는 모른다고 한다. 더 이상은 물어보기 힘들고 괜한 사람 힘들게 하는 일이라 대화는 여기에서 멈췄다.

일단 점심은 먹어야 하니까 메뉴판을 보고 '문어 요리'와 간단한 '파이'를 주문했다. 주문한 맥주, 파이와 빵이 식탁에 놓였다. 맥주를 한 모금 마시고 안주로 짭짤한 올리브를 먹었다. 파도가 철썩거린다.

해변에서 사랑을 나누다

문득 바닷가 저편에 사람의 움직임이 보인다. 남자와 여자다. 그건 멀리서도 알 수 있다. 함께 나란히 누워 햇볕을 받고 있다가 여자가 몸을 일으킨다. 옷을 입지 않았다. 누워 있을 때는 잘 몰랐는데 몸을 세우니 알겠다. M과 J는 몸을 돌리면 저들을 볼 수 있는데 일부러 말을 하지 않았다. 이런 경우엔 나중에 왜 그랬냐고 비난을 받더라도 침묵이 금이다.

여자가 나를 보았다. 누군가 자기들을 보고 있는 것을 알게 됐다. 그렇다고 내가 몸을 갑자기 피하거나 자세를 바꾸는 것도 어색하고 그럴 필요도 없다. 시선을 돌려 M과 J를 바라보며 맥주를 한 모금 더 마셨다. 자리를 옮기자고 했다. 곧 주문한 음식이 나올 테니까. 왜 그러냐는 물음에 조금 있다가 설명을 해준다고 했다.

M과 J가 맥주잔과 안주들을 두 남녀가 안 보이는 식탁으로 옮겼다. 앉아 있던 식탁에서 일어나면서 저들을 다시 보게 되었다. 아니, 뚜렷이 보았다. 밝은 햇살 아래 천천히 사랑을 나눈다. 다른 사람은 안중에도 없다. 파도가 무심하게 밀려왔다가 또 빠져나간다. 이상하게 들리겠지만 저들의 모

습에서 파도를 바라보는 느낌 그 이상의 무엇도 없다. 파란 하늘에 흰 구름만 더욱 선명하다. M과 J에게 자리를 옮긴 이유를 설명해 주었다.

주문했던 '문어 파스타'가 나왔다. 그리스인들의 문어 사랑은 역사가 깊고 유별나다. 최근에 발굴된 수천 년 전 고대 그리스 도자기에는 만화처럼 웃긴 문어 형상이 새겨져 있었다. 다른 유럽인들이 문어를 괴물처럼 여기면서 즐기지 못한 반면 그리스인들은 문어를 굽고 삶아서 스테이크, 샐러드, 필라프, 파스타, 스튜, 피클 등 다양한 음식으로 즐겨 먹는다.

일반 식당이나 타베르나에서는 그릴에 구워서 레몬즙과 올리브 오일을 뿌려 먹는 메뉴가 대부분이다. 오늘 이 집에서는 특별히 문어 파스타를 주문했다. 일반적인 파스타면이 아니라 '오르조(Orzo)'라는 쌀 모양 파스타이다. 그리스 음식 가운데 '스티파도'라는 스튜 국물에도 이 오르조를 넣는데 쌀보다는 쫀득하지만 더 빨리 불어터진다.

문어 파스타가 대개 짠 맛이 강한데 이 집은 짜지 않아서 다행이다. 파스타 소스로 토마토를 많이 쓰는데 이 집은 올리브 오일과 채소로 소스를 만들었다. 문어 씹히는 식감이 좋다.

메뉴 가운데 Mini Pie가 보였다. 어떤 '파이'일까 궁금해서 주문을 했는데 평범한 튀김 맛이다.

디저트로 지중해 수박을 먹었다. 그냥 수박이 아니라 장수마을 이카리아에서 생산한 '장수 수박'이다.

우리가 식사를 마칠 때쯤 해변의 그 남녀가 옷을 입고 멀어져 가는 것이 보였다. 이 인상 깊었던 커플을 다신 못 볼 줄 알았는데 그 다음날 이카리아 부둣가 식당에 앉아 있는 것을 보았다. 남자가 윗머리는 별로 없고 뒤통수의 얼마 안 되는 머리카락으로 빈약한 꽁지머리를 한 것과 여자와 나이 차이가 좀 있어 보인 것이 기억 세포를 자극했나 보다. 한 눈에 알아보았다. 누가 뭐라 해도 그들은 지금 뜨겁게 사랑하는 중이다.

우린 다시 왔던 길을 되돌아 걷기 시작했다. 또 한 시간을 걸어 부두 근처까지 돌아왔다. 그 근처에서 차를 렌트했다. 작고 오래된 수동식 차였다. 이 차를 J가 운전을 해서 호텔까지 갔다. 차에서는 장갑차 같은 요란한 소리가 났다. 저녁까지는 아직 시간이 남은 데다 차로 어디까지 갈 수 있는지 생각할 시간이 필요했다.

나는 좀 누웠다. 잠이 들었나 보다. J와 M이 저녁 먹으러 나가자고 한다. 밝은 햇빛이 서서히 시들어 간다. 렌트한 차를 몰고 식당을 찾아가야 하는데 이카리아 섬이 길은 좁고 구불거리는 데다 낭떠러지 길이 많다. 가로등도 없는데 초행길이라 마음이 놓이지 않았다.

길을 이리저리 헤매면서 구글에 소개된 음식점을 찾았다. 여기는 젊은 부부가 운영하는지 어린애까지 앉아 있다. 식탁에 자리를 잡고 메뉴를 보니 전부 아는 것들이었다. 아하, 다른 식당에 가야겠네. 식사도 않고 일어서는 게 민망했지만 바로 자리를 떴다. 뭐라고 주인한테 변명을 했는지 기억에 없다.

두 번째로 모색한 곳은 낮에 갔던 식당의 맞은편 언덕에 있던 식당이다. 어두운데 운전하는 J에게 미안했다. 이 식당에서는 '장수'를 포기하고 그냥 보이는 대로, 먹고 싶은 대로 메뉴를 시켰다. 맥주와 와인이 나왔다. M과 J는 맥주 맛이 기막히다고 한다. 나는 와인이 좀 시름하다고 느끼고 있는데 말이다. 여행에 무슨 목적이 끼어들면 순수한 '여행 맛'이 떨어진다. 이번 여행에서 나한테는 '장수'가 중심에 있다.

야채 스튜를 주문했다. 나온 것을 보니 그야말로 순박한 시골 밥상이다. 우리로 치면 빈 접시에 나물을 큼지막하게 얹어 나온 셈이다. 맛은 약간 새콤했지만 건강식을 먹는다는 느낌이 든다. 간도 좋았다. 그릇이나 차림새만 좀 더 예쁘게 하면 괜찮을 텐데. 그리스에서는 야채스튜를 '브리암'이라고 한다.

식사는 맛있게 마쳤지만 이카리아의 특별한 장수음식은 없는 걸까 하는 생각이 계속 들었다. 호텔로 돌아와 아무 생각 없이 자려고 했지만 잠이 바로 오지 않는다. 내일은 산속 음식점을 찾아가 봐야겠다.

19. 바쁘다고 하면 죄가 된다오

제대로 되려면 시간이 걸린다

아침에 닭 우는 소리에 잠이 깼다. 닭은 동서고금을 막론하고 이른 아침에 운다는 걸 새삼 깨닫는다. 발코니로 나갔다. 그렇게 보고팠던 푸른 지중해가 눈앞에 넘실대고 아침 공기가 너무 신선해서 폐가 깜짝 놀란다. 이카리아 공기가 '장수음식'이 아닐까 싶다.

어제 눈에 들어오지 않았던 풍경들이 이젠 보이기 시작한다. 숲속에 숨어 있던 흰색의 아담한 시골 성당, 올리브 나무에 둘러싸인 붉은 지붕의 농가들이 드러났다. 경치든 뭐든 시간이 지나야 보이고 들리나 보다.

닭이 저 농가들 어딘가에서 또 우는데도 J와 M은 아직 일어나지 않았다. 이후에도 몇 번 더 우는 소리를 들었다. 한 녀석인지 아니면 여럿이 돌아가면서 소리를 내는지 모르겠다. 녀석들 목소리가 비슷비슷하다. 닭 울음소리 때문인지 후배들도 이제 잠에서 일어났다. 집에서 수탉을 키우면 잠꾸러기가 없어지겠군.

오늘은 무슨 일이 있어도 호텔에서 내려다보이는 에게 해에서 수영을 하기로 했다. M이 챙겨온 '지중해용' 수영복과 슬리퍼를 준비해서 바닷가로 떠났다. 호텔에서 10분 남짓 걸었다. 생각보다 바다는 깊지 않았고 온도

닭이 저 농가들 어딘가에서 또 우는데도 J와 M은 아직 일어나지 않았다.

가 적당했다. 9월 중순이 지났지만 차갑지 않았다. 바닷물이 튀어 입안으로 들어온다.

에게 해가 이렇게 짧을 줄은 몰랐다. 물이 너무 깨끗해서 바닥에 깔려 있는 납작하면서 동글동글한 돌들이 반짝거리며 선명하게 보인다. 오래고 오랜 시간 바닷물과 부딪히면서 모난 데 없이 둥글게 되었다. 뭐든 제대로 되려면 시간이 걸린다.

바닷가에 우리 외에는 아무도 없는 줄 알았는데 웬 노인 한 분이 멋지게 바다를 가르며 유유자적 헤엄을 치고 있다. 힘도 안 들이면서 잘도 한다. 그는 출렁이는 물에 몸을 맡기고 무리 없이 움직인다. 세상 이치를 안다는 듯이 말이다. 나는 얕은 바닷물에서 만족해야 했다. J와 M은 나보다는 좀 더 깊은 곳에서 수영을 했다. 대학시절 우리는 역도부 동아리에서 한 덩치 했던 것을 기억하며 몸에 잔뜩 힘을 주고 사진을 찍었다.

대학시절 우리는 역도부 동아리에서 한 덩치 했던 것을 기억하며
몸에 잔뜩 힘을 주고 사진을 찍었다.

한 시간쯤 바닷가에서 애들처럼 놀았다. 그리고 개천에서 놀다 벌거벗고 집으로 돌아가는 소년들처럼 셋은 신나게 떠들며 호텔로 돌아왔다.

J가 이카리아 지도를 식탁 위에 펴고 오늘 일정에서 특별히 하고 싶은 것이 있냐고 나에게 묻는다. 이카리아의 '장수음식'에 대한 궁금증과 호기심이 내 머릿속에서 떠나지 않는다. 이 근처 산중에 있는 식당을 조사해서 그곳에서 점심과 저녁을 먹자고 했다. 어제 갔던 식당의 젊은 사장이 말한 '산중 식당'이 계속 귓가에 맴돈다. 대충 짐을 챙기고 차에 올랐다. 이카리아 섬의 전부는 아니라도 절반 정도라도 갔다 올 요량이다.

장수촌 비밀은 바로 이것!

커다란 엔진 소리에 비해 차는 그리 크지 않다. 그리스에서는 도시를 벗어나면 도로 폭도 좁고 도로 정비가 제대로 되어 있지 않아 운전하기가 만만치 않다. J가 운전을 했고 M이 구글 앱으로 길 안내를 하며 산길을 오른다. 군데군데 날카로운 커브길이 나오는데 한 쪽은 절벽이다. 가드 레일이 없는 위험천만한 길을 달린다.

1시간 남짓 곡예운전을 해서 산중에 숨어 있는 맛집 따베르나를 찾았다. 어제 음식점 젊은 사장이 말한 식당이 이 집이 아닐까 기대를 해본다. 그리스에선 술안주와 술을 위주로 하는 선술집 같은 식당을 '따베르나(Taverna)'라고 하는데 반드시 술안주만 나오는 건 아니다. 영어로 태번(tavern)이라고 하는데 그 원형이다.

이 식당은 비록 깊은 산속에 묻혀 있지만 사람들의 사랑을 오랫동안 받아온 것 같다. 12시 정도에 도착했는데 1시에 오픈한다고 기다리란다. 미코노스 섬에서도 점심 먹으러 갔는데 30분 일찍 왔다가 이런 일을 겪었다. 이들은 거절하면서 미안해하거나 식당에 와준 것에 고마워하면서 서둘러

식사를 차려주지 않는다.

기다려야 한다. 기다림을 배워야 한다. 한국은 모든 것이 너무 빠르다. 조금이라도 기다리게 하면 미친 듯이 분노한다. 이카리아에선 조급하면 안 된다. 메뉴판이 오래돼서 너덜너덜하다. 우리 같으면 새 것으로 금세 바꿨을 것이다. 그래, 이것이 이카리아 식이다. 일단 화이트와인과 안주로는 매운 페타치즈를 주문했다. 다른 음식도 몇 가지 주문했다.

메뉴판을 보고 이카리아가 장수촌이라고 불릴 만한 메뉴를 살펴보았다. 이 집도 다른 식당과 비슷해서 이번 여행에서 기대했던 특별한 장수음식이 없는 것 같다. 조바심과 함께 실망스럽다. 이카리아에서의 식사는 이 집 말고 이제 저녁을 위한 한 집만 남았다. 어제 낮에 들었던 이야기 '산속에 음식점이 있고 주인장이 먼 친척 된다.'를 확인할 기회라고 생각하니 가슴이 뛴다.

매운 페타치즈가 관심이 갔다. 왜냐하면 아테네에서도 이 메뉴를 시켜서 먹었는데 한국 사람 입맛에 맞았기 때문이다. 짭짤하고 고소한 페타치즈와 매운 맛이 잘 어우러져 와인 안주로 충분히 괜찮다. 이것을 만들 때 기본 소스로 토마토소스를 썼다. 여기에 파프리카, 매운 고추, 거칠게 부순

페타치즈를 넣고 오븐에 굽는다. 물론 이외에도 품질 좋은 올리브 오일이나 허브를 첨가하는 것이 음식의 맛과 질을 높여준다. 그래서 레시피를 알아도 막상 요리를 해보면 결과는 무척 달라진다.

냄비 안쪽이 좀 탄 상태로 음식이 나왔는데 주방에서의 조리 상황을 그대로 보여주는 것 같아 재밌다. 이걸 지저분하다고 생각할 수도 있다. 아마도 고급 레스토랑에서는 하얀 접시 위에 깔끔하게 놓일 것이다. 도시적이지만 창백해 보이는 요리가 연상된다. 볼 빨간 시골 아가씨 같은 이 냄비요리가 오히려 먹음직스럽고 정겹다.

홍합 밥을 먹어 보았다. 다른 지역에서는 홍합 밥에 '딜'을 첨가했는데 여기서는 그것을 생략하고 토마토소스로 대체했다. 크레타의 '다나이'가 만들어준 '달팽이밥'과 맛이 비슷하다. 두 음식을 만들 때 들어가는 식재료와 요리 과정이 유사한가 보다.

우리나라 음식도 완전히 다른 음식은 없다. 기본 양념이 대체로 유사하다. 약간의 차이가 있을 뿐이다. 된장, 고추장, 마늘, 파, 간장, 참기름 등 사용하는 양념이 비슷하고 조리방식도 비슷하다.

아래 메뉴는 대구 튀김과 마늘 소스이다. 신맛의 정도가 어떤지 궁금해하며 마늘 소스를 주문했다. 한국에서도 만들어 보았는데 매번 성에 차지 않았다. 이 집 소스 맛이 마음에 든다. 너무 시거나 마늘 향이 강하지 않은 부드러운 맛이다.

음식 메뉴를 살펴보니, 아테네나 다른 데서 먹었던 메뉴와 크게 다를 게 없다. 우리나라에서도 한식 메뉴는 대체로 비슷하지 않는가. 여기도 그런 것 같다. 그 음식점의 등급과 규모에 따라 조금 달라질 수는 있다. 식사를 거의 마쳐 가는데 몸집이 통통한 늙은 영감이 주방에서 나와 우리 식탁으로 다가온다. 이 영감이 우리를 보고 먼저 묻는다.

"손님들은 어디서 오셨소?"

"네, 저희들은 한국에서 왔습니다. 저는 한국에서 그리스 음식점을 하고 있고요. 이번에 그리스에 음식여행을 왔는데 특히 이카리아의 장수음식에 대해 알고 싶어요. 돌아가서 한국인들에게 이카리아 장수음식을 알려주고 싶어요. 그런데 이곳에 와서 아직 특별한 장수음식을 먹어보지 못했습니다."

"하하하. 그러셨군요. 멀리서 오셨습니다. 제가 하나 물어도 될까요?"

"예, 뭐든지요."

"한국에는 특별히 장수음식이라고 있소?"

"특별히 그런 건 없지요. 여기는 있나요?"

기대를 억제하고 물었다.

"손님이 그런 걸 기대하셨다면 실망하시겠소. 그래도 할 수 없지. 나는 이 섬에서 태어나서 자랐고 이 음식점을 열어 요리하며 지금껏 살아온 이 카리아 토박이요. 이 섬의 구석구석을 다 알고 있지만 특별히 장수음식이란 것은 없소. 어떻게 그런 소문이 났는지는 모르겠소. 아마 이 지구상 어디에서도 그런 건 구하지 못할 거요."

한 마디로 딱 잘라 말을 한다.

가슴이 무너지는 듯싶으면서도 이 섬 토박이한테 분명한 답을 들으니 웬일인지 시원했다. 매도 먼저 맞는 게 낫다는 게 이런 걸까? 이스탄불에서부터 이 섬에 오기 전까지 경험했던 음식들이 마음에 안 들어도 넘어갈 수 있었던 이유가 있었다. 그건 이카리아에서 그리스 식 장수음식 레시피를 구해 가면 그런 것들을 충분히 보상할 거라 생각했기 때문이다. 아직 미련을 가지고 노인에게 집요하게 물었다.

"그런데 어떻게 이 섬이 세계 5대 장수촌 가운데 하나가 되었지요?"

"이카리아 섬이 장수촌이 된 것이 음식 때문이라고 누가 그러던가요? 이 섬에서는 바쁘다고 하면 죄가 된다오. 시계를 저 바다에 던져 버리시구려. 하나가 더 있는데 그건 다음에 올 때 이야기를 합시다. 이게 '이카리아의 장수 레시피'라오."

이렇게 대답하며 껄껄 웃었다. 그리고 나를 위로하듯이 말을 덧붙인다.

"이카리아 섬은 특별히 세계 5대 장수촌 가운데 하나이지만, 그리스 자체가 벌써 세계 3대 장수국가 중 하나라는 것을 알아두시오. 그건 이미 그리스 음식이 장수음식이라는 뜻 아니겠소? 올리브 오일과 신선한 채소를 소재로 한 음식이 얼마나 많아요. 그동안 여행하면서 경험하셨을 텐데. 이번 여행 경험을 살려서 더욱 맛있고 몸에 좋은 그리스 음식을 한국에 알려주기 바랍니다."

머리를 한 방 맞은 듯 뇌가 울린다. 그동안 특정된 음식이라고 집착을 했는데 그게 아니라 그리스 음식 전체가 장수음식이라고 이야기한다. 거기다 "장수음식이 아니라 장수하는 마음가짐이 더 중요하다."고 소크라테스나 플라톤처럼 이야기를 더한다. 그리스인들은 철학적인 유전인자가 몸속에 떠도나 보다. 마지막 하나는 무엇인데 말을 안 해주시나? 다음에 언제 또 여길 오게 될지 모르는데. 내공이 있어 보이는 사장님과 인상 좋은 따님과 사진을 함께 찍었다.

　머리가 울려서 진정을 하느라 와인을 한 잔 마셨다. 이번 여행의 목표는 달성한 것인가, 아니면 달성하지 못한 것인가? 그리스 장수음식 레시피를 구해 오는 것이 목표였지만 구하지 못하고 대신 마음의 장수 레시피를 배웠다. 더 큰 배움은 '그리스 음식 전체가 장수음식'이라는 것을 새삼 깨닫게 되었다. 이번 여행의 목적은 달성한 것이다.

　이때 스무 명 정도의 산악자전거 팀이 한꺼번에 우르르 식당으로 들어온다, 시끌시끌하다. 와우. 어떻게 이런 시골구석 산악 길을 자전거로 찾아오는지 놀라운 일이다. 이 섬이 나에게는 작은 점같이 보였는데 유럽 사람들한테는 꽤 알려진 곳인가 보다.

　온라인으로 소통하던 유럽 여러 나라 자전거 동호인들이 이곳 이카리아에서 오프라인 만남을 가졌던 것이다. 모두 오늘 처음 만났다고 한다. 이렇게도 살아가는구나. 나이 먹어가면서 모르는 게 너무 많다는 걸 깨닫는다.

바닷가로 내려갔다.
물이 맑아 바닥까지 속이 훤히 보인다.
저 멀리 소년 둘이서 낚시를 즐기고 있다.
도대체 지금 시간이 몇 시인데 학교는 안 가고
바닷가에서 낚시를 하지?
그렇지. 학교가 일찍 끝나면 되지.

별들이 쏟아진다

이들을 뒤로 하고 우린 다시 길을 떠났다. M이 운전을 했다. 가파른 낭떠러지 좁은 길을 열심히 달렸다. 낭떠러지 길인데도 어느 구간은 가드 레일 하나 없다. 운전하면서 무척 긴장을 했을 것이다. 차는 어느덧 평지로 내려왔다. 푸른 지중해를 코앞에 두고 차는 달린다.

이카리아의 중심지에 차를 세웠다. 잠시 쉬려고 편의점에서 물과 음료수를 산 다음 바닷가로 내려갔다. 물이 맑아 바닥까지 속이 훤히 보인다. 저 멀리 소년 둘이서 낚시를 즐기고 있다. 도대체 지금 시간이 몇 시인데 학교는 안 가고 바닷가에서 낚시를 하지? 그렇지. 학교가 일찍 끝나면 되지.

이곳에서 멀지 않은, 바다 속의 온천이 있는 곳으로 향했다. 차로 10분을 더 가니 모래사장이 제법 넓은 해수욕장이 나온다. 이미 9월 중순이 넘어서인지 바다에 들어간 사람은 별로 없다. 탈의실이 모래사장 구석에 세워져 있었다. 우리는 수영복으로 갈아입고 바다 온천으로 갔다. 해안가 구석에 바위로 둥그렇게 둘러싸인 곳이다. 벌써 사람들이 온천 가장자리에 앉아 있다. 온천객의 대부분은 60대 이상의 서양 노인들이다.

어색했지만 그 사람들 사이로 끼어 앉았다. 바닷가에 접한 온천 입구 쪽은 좀 차가웠고 반대쪽에 가보니 앉아 있기 어려울 정도로 뜨겁다. 적당한

장소를 찾아 몸을 데우고 나왔다. 주변 경관이 말로 형언할 수 없이 아름답다. 매일 이 경치를 보며 지낼 수 있다는 것은 이곳 사람들의 큰 축복이다.

이제 주변 맛집으로 향한다. 20분 정도 가니 한적한 동네가 나온다. 제대로 왔나 보다. 조금 더 가니까 식당 간판이 보인다. 간판은 작았지만 식당은 크고 예뻤다. 발코니에 앉으니 노을 지는 바다가 정면으로 보인다. 식당 사장이 직접 주문을 받았다. 나이 지긋한 주인장은 한국에 간 적이 있다고 하며 특히 부산에 갔던 이야기를 한다.

식사와 와인을 주문했다. 이것이 이카리아 섬에서 제대로 먹는 음식의 마지막이다. 점심 때 그 철학자 사장님한테 장수음식에 대한 말씀을 듣지 못했다면 이 식당에 와서 무척 실망을 하고 맛없게 먹었을지 모른다. 역시 메뉴는 다른 식당과 비슷했다. 여행이 길어지면서 다른 식당의 메뉴들과 겹치지 않도록 주문하기가 힘들어진다.

새우 요리가 먼저 나왔다. 커다란 새우를 그릴에 구워서 레몬즙을 뿌려 먹으면 끝이다. 그리스인들의 해산물 요리가 대체로 이런 식이다. 하지만 양념 맛이 아닌 식재료 본연의 맛을 입안에서 맘껏 느낄 수 있다.

두 번째 음식은 닭고기와 토마토

소스 파스타이다. 여기에 모짜렐라 치즈를 뿌려서 먹는다. 접시에 음식을 듬뿍, 소박하게 담아온다. 그리스에 와서 먹는 토마토소스는 달지도 시큼하지도 않아서 좋았다. 시장에서 토마토를 사다 먹어 보았는데 품종 자체가 맛있다. 닭고기는 스팀으로 익혔는데 아주 부드럽다.

홍합 요리를 주문했다. 어떤 식으로 조리해서 나오나 궁금하다. 크레타에서 먹었던 홍합 요리가 더 감칠맛이 있다. 화이트와인을 넣어 만든 국물이 자작했더라면 빵을 그 국물에 찍어먹을 수 있고 홍합도 더 촉촉한 식감이 살았을 것 같은 아쉬움이 남았다.

마지막으로 모듬 튀김이 나왔다. 이 튀김들을 '크로켓'이라고 하는데 이 섬에 오기 전, 몇 번 다른 식당에서 먹어보았다. 담백하고 고소한 맛은 비슷한데 다만 이 집은 크기가 크고 튀김옷 속에 호박, 가지, 토마토를 각각 넣어서 모듬의 형태로 내놓는다..

해지는 붉은 바다를 바라보며 이카리아에서 마지막 식사를 천천히 음미하며 즐겼다. 이제 어둠 가득한 산길을 달려 숙소로 돌아가야 한다. 이카리아도 오늘밤이 지나면 떠나야 한다. 아쉬움이 생기지만 어쩔 수 없다.

M은 어둡고 좁은 산길을 잘도 운전한다. 차창 밖으로 별이 쏟아진다. 어둠 깃든 올리브나무 숲에도 텅 빈 에게 해 밤바다에도 무수한 별이 쏟아진다.

별빛 한가득 실은 차가 드디어 호텔에 도착했다. 이카리아에서 마지막 밤은 깊어간다.

M은 어둡고 좁은 산길을 잘도 운전한다.

차창 밖으로 별이 쏟아진다.

어둠 깃든 올리브나무 숲에도 텅 빈 에게해 밤바다에도 무수한 별이 쏟아진다.

별빛 한가득 실은 차가 드디어 호텔에 도착했다.

이카리아에서 마지막 밤은 깊어간다.

iKARIA
2019. 9. 20
전다혜

20. 다시 아테네로

구름 위에서 이카리아를 보다

이카리아에서 아테네까지는 경비행기로 간다. 호텔에서 공항까지는 렌트한 차로 가고 렌트회사 직원이 그 차를 공항에서 회수해갈 것이다. 아침에 짐을 꾸리고 차에 올랐다. 공항까지 거의 산길을 달린다. 한참을 달리다 산 정상 부근에 차를 세우고 밖으로 나왔다. 구름이 발 아래로 흐른다.

아침을 안 먹고 출발하니 출출하다. 다시 구글의 힘을 빌렸다. 30분 남 짓 더 가면 해변에 멋진 따베르나가 있다고 한다. 기대를 하며 차를 몰았 다. 구글 앱은 어느 허름한 해변으로 방향을 가리킨다. 속았구나! 이런 곳 에 뭐가 있겠나! 그래도 구글이 가리키는 장소까지 가보았다. 놀랍게도 있 다. 먼저 온 팀이 아침식사를 하고 있다.

규모도 작고 제대로 된 음식점은 아니지만 바다 전 망을 가지고 있는 멋진 장소 이다. 간단하게 샌드위치와 샐러드를 주문했다. 아침바 다가 금빛 햇살을 받으며 바 로 앞에서 출렁이고 바다바 람이 부드럽게 온몸을 감싼 다. 이 집에서 알바 하는 사 내도 한국에 와본 적이 있 다고 한다. 공부하러 왔다고 한다. 어제 저녁을 먹은 식 당 사장도 한국에 온 적이 있다고 했다. 그리스 사람들 이 우리나라를 적지 않게 방문한다는 걸 알 수 있다.

시간이 제법 걸려서 샌드 위치가 나왔다. 이어 그릭샐 러드라고 나왔는데 엄격히

샌드위치는 슬라이스한 빵 위에
꿀과 치즈를 얹었다.
바삭한 빵과 짭짤한 치즈와
달콤한 꿀의 결합이 그런대로 괜찮다.

구분해서 그리스 식은 아니고 말 그대로 어디서나 먹을 수 있는 샐러드이다. 소스는 뭔지 모르겠다. 무척 달다. 조금 먹다가 단맛에 질려서 포크를 식탁에 놓았다.

시간이 제법 걸려서 샌드위치가 나왔다. 이어 그릭 샐러드라고 나왔는데 엄격히 구분해서 그리스식은 아니고 말 그대로 어디서나 먹을 수 있는 샐러드이다. 소스는 뭔지 모르겠다. 무척 달다. 조금 먹다가 단맛에 질려서 포크를 식탁에 놓았다.

샌드위치는 슬라이스 한 빵 위에 꿀과 치즈를 얹었다. 바삭한 빵과 짭짤한 치즈와 달콤한 꿀의 결합이 그런 대로 괜찮다.

식사를 마치고 다시 차에 올랐다. 여기서 공항까지 길은 산길이 아니고 도로 사정도 좋았다. 이윽고 이카리아 공항에 도착했다. 공항이 작은데도 휑하다. 우리나라 시외버스터미널 규모의 건물에 운동장 같은 활주로가 보인다. 기다리는 사람이 한 명도 안 보인다. 이때 요르고스로부터 전화가 왔다. 지난번 크레타의 숙소 술자리에서 말 한 마디 없이 자리를 떠난 것이 찜찜해서 전화는 한 번 해야겠다고 마음은 먹었지만 아직 못 하고 있었다. 그런데 그가 먼저 전화를 한 것이다.

"조르바, 잘 지내죠? 아직 이카리아입니까?"

"네, 맞아요. 두 시간 후에 아테네로 떠납니다."

"그럼 예정대로 3일 후엔 서울로 가시는 거죠? 그리고 이카리아에선 장수음식을 드셨습니까?"

"네, 그렇습니다. 덕분에 구경 잘하고 떠납니다. 지난번 크레타에서 결례를 좀 했습니다. 너무 피곤해서 그랬지요. 다음에 기회가 된다면 서울의 제음식점에 초대하고 싶습니다. 그때 장수음식 관련해서도 상세하게 말씀드리지요. 요르고스 씨, 그동안 신경 써주셔서 감사했습니다. 다음에 뵙죠."

"조르바, 아직 작별인사는 이릅니다. 제가 모레 아테네 갈 일이 있으니까 저녁이나 함께 하시죠. 그 전에 연락드리겠습니다. 그때 봬요."

요르고스에게 전화를 하려다 못 해서 좀 미안했는데 먼저 연락이 와서 다행이다. 그리스 떠나기 전날 저녁식사에 맥주 한 잔 정도는 부담스럽지 않다. 이번에도 요르고스는 내가 거절할 시간을 주지 않았다.

20분쯤 있으니까 렌트카 회사에서 사람들이 와서 우리가 타고 왔던 차를 수거해 갔다. 자동차 상태로 볼 때 공항에 그냥 놔두었다가 필요한 사람이 공짜로 가져가도 될 것 같은데 네 사람이나 와서 가져갔다.

노년에는 내가 원하는 삶을

렌트카를 보내고 공항 입구 벤치에 우리 셋이 비둘기처럼 나란히 앉았다. 그때 할머니 한 분이 J의 옆에 앉는다. 그리고 J에게 말을 건다. M이 잠시 자리를 뜨고 나는 두 사람의 대화를 들으며 몇 마디 거들었다. 특별히 지금 할 일도 없는 데다 대화를 들을수록 그녀에 대한 호기심이 생겼다. 70세 전후의 예민해 보이는 가녀린 노인이다.

그녀는 프랑스인인데 7년 전 은퇴를 한 후에 이곳 이카리아에 정착해서 그림을 그리며 혼자 지낸다고 한다. 고기를 안 먹는 채식주의자인데 자신이 직접 키운 채소로 식생활을 한단다. 처음에 이곳에서 농사지을 때 고생이 많았지만 지금은 자연 속에서 자급자족하며 자기가 좋아하는 일을 하고 있다고 한다. 그녀는 인생 후반부에 자신이 원하는 삶을 이곳 이카리아에서 실현하고 있다.

이 프랑스 여인을 보면서 지난 그리스 여행에서 만났던 한 오스트리아 여인이 생각났다. 그날 아내와 나는 크레타 섬 해안과 근처 섬을 관광하는 일일 크루즈 여행을 하는 중이었다. 일주여행이 끝날 즈음 갑판 위에서 둘이 떠들다가 우리가 내려야 할 항구를 지나쳐 버렸다. 그때 당황해하는 우리에게 한 여인이 다가와 무슨 일이냐고 물었고 그녀와 우리는 다음 항구에서 같이 내렸다.

그녀와 함께 내린 항구는 무척 아름다운 해변을 가진 작은 마을이었다. 그녀는 그곳에서 한 달 간의 휴가를 보내고 있었다. 해마다 한 달 이상 그곳에서 지낸다고 하며 다음 해 은퇴를 한 후엔 여생을 크레타 섬에서 보낼 거라고 했다.

그 마을은 번듯한 건물 하나 눈에 띄지 않았고 시간이 오래 전에 멈춘 듯 더 이상 발전도 없을 것만 같은 그런 곳이었다. 아내와 나는 그 당시 크레타 섬에서만 보름 가까이 지내고 있었는데 그 항구는 이름조차 들어보지 못했고 지금도 모른다.

항구에서 내린 후 그녀는 우리를 버스터미널로 데리고 갔다. 우리가 묵고 있는 호텔이 있는 하냐로 가는 버스는 이미 운행이 종료되었고 더 이상 차편이 없었다. 해는 이미 기울기 시작했다. 그녀가 숙소를 알아봐줄 테니 그 항구 마을에서 자고 가라고 한다.

난감해하는 우리의 표정을 읽고는 크기가 얼마 안 되는 다운타운을 이리저리 다니며 어렵게 택시를 잡아주었다. 하냐까지는 아주 먼 거리였지만 택시를 탈 수 있는 것만도 감사한 일이었다. 더 감사한 것은 낯선 이방인에게 기꺼이 도움을 준 그녀의 마음이었다. 오스트리아 일간지 기자라고 자기를 소개한 스테파니는 지금 크레타 섬의 한 외진 바닷가에서 자신이 원했던 노후의 삶을 보내고 있을 것이다.

이제 이카리아 공항에 사람들이 점점 모인다. 건물 밖에는 프로펠러 경

비행기가 얌전하게 서 있었다. 비행기 점검 작업을 하고 있다. 공항이 아주 작지만 큰 공항에서 하는 통관 절차를 이곳에서도 똑같이 한다.

사무실 여직원이 공항 프론트로 나와 표도 팔고 짐 검사도 하고 다시 사무실로 돌아가서 서류업무도 본다. 그래도 힘든 기색 없이 미소를 지으며 환한 얼굴로 승객을 맞이한다.

비행기에 올랐다.

아테네로 향하는 비행기 내부는 관광버스를 좀 늘려놓은 것처럼 작고 아담하다. 이것이 날 수 있겠나? 하지만 활주로를 씩씩거리며 달리더니 보란 듯이 하늘로 오른다. 이카리아를 내려다보았다. 주변의 바다색이 유난히 푸르다. 곧 잠이 들었다. 중간에 커피를 한 잔 마시고 창밖을 내다보았다. 비행기가 구름 속을 지나고 있다. 얼마 안 있어 작은 비행기는 찢어지는 소리를 내며 안전하게 착륙을 했다.

나는 모른다

다시 짐을 챙겨서 아테네로 들어가는 전철을 탔다. 지하철역 신타그마 (Syntagma)에서 내려 다른 노선으로 갈아탔다. 북적대는 사람들 속에서 짐을 들고 이동하는 것이 쉽지는 않다. 역에서 내려 길을 건너고 언덕길을 한참 올랐다. 한국에서 미리 예약해둔 숙소로 가고 있다. 4층짜리 아파트 입구에 열쇠 보관함이 있어서 주인 없이도 아파트 안으로 들어갈 수 있다. 물론 열쇠 보관함의 암호는 숙박비를 지불하면 주인이 문자로 알려준다.

아테네의 두 번째 숙소는 생각보다 넓고 좋았다. 주방에는 그릭커피와 커피 도구가 준비되어 있다. 집주인이 사진에 관심이 많은가 보다. 사진 관련 책들이 거실에 놓여 있다. 그리고 집안 인테리어에 제법 신경을 쓴 흔적이 곳곳에 묻어난다.

　짐을 내려놓고 이른 저녁을 먹으러 나갔다. 숙소에서 가까우면서 구글에서 평이 좋은 식당을 골랐다. 우선 메뉴가 다양해서 지금껏 먹어보았던 음식 외에 선택할 수 있어야 했다. 괜찮은 식당을 찾았다. 이젠 인터넷 없는 세상을 상상하기 힘들다.

　버스를 타고 몇 정거장을 가서 내렸다. 그리고 걸었다. 인적 없는 이카리아에서 며칠 보냈다고 아테네 시내를 걷는 데 사람이 많게 느껴진다. 어라, 그렇게 사람 많은 서울에서도 그런 느낌 없이 잘 살았는데 말이다. 옆에 남녀 한 쌍이 걸어간다. 무표정하다.

　불쑥 이런 생각이 든다. 나는 이들을 잘 모른다. 이들뿐 아니라 이 도시에 대해서도 잘 알지 못한다. 그저 좀 안다고 생각할 뿐이다. 여행이 거의 끝나가는 시점에 이런 생각이 든다. 뭘 안다는 건 시간이 걸리는 일이다. 돌이켜 보면 시간이 많이 지나도 끝까지 모르는 것투성이다.

10분도 안 되어서 우리가 찾던 식당이 보였다. 크지도 작지도 않은 규모였다. 인테리어도 중후했다. 한쪽 벽면이 크고 작은 흑백 사진으로 가득하다. 단체로 온 손님들이 이 시간에 두 팀이나 있다.

자리를 잡으니까 웨이터인지 매니저인지 60대 정도의 신사가 메뉴 책자를 주며 인사를 한다. 중후한 멋이 있다. 앳되고 예쁜 종업원이 주는 느낌과는 사뭇 다르다. 음식 맛이 보다 전통적이고 깊은 맛을 줄 것 같은 느낌마저 갖게 된다. 외국의 레스토랑에서는 홀 서빙을 하는 나이 지긋한 매니저나 웨이터들을 자주 본다.

메뉴를 살펴보았다. 메뉴가 대체로 다른 식당들과 비슷하다. 우리나라도 식당에 가서 보면 찌개류에 된장찌개, 김치찌개, 부대찌개, 순두부찌개 등 또 탕류로 가면 설렁탕, 갈비탕, 곰탕 등 빠하지 않은가. 그런 것처럼 여기도 특별한 식당을 빼고는 대체로 비슷하다.

전에 메뉴로 했던 연어 구이를 다시 맛볼까 하는 마음으로 주문을 했다. 어떤 소스를 주는지 궁금하다. 보통 생선 구이에는 새콤한 맛의 가지 소스를 함께 주는데 미코노스에서도 그렇고 이 식당도 생략을 한다. 그저 레몬즙만 뿌려준다.

연어 구이를 미코노스에서도 먹었었다. 그 집에 비해 생선 비린내가 조금 났다. 미코노스 해안에 있는 식당은 그릴 구이에 장작불을 사용하는데 여기는 가스 불을 사용할 것이다. 그런 대로 담백하고 맛이 있었다. 밥도 올리브 오일, 식초, 소금 정도로 양념을 했다.

그리스 음식은 대개 치덕치덕 소스나 드레싱을 뿌려대지 않는다. 원재료 맛을 살리려고 한다. 나아가서 원재료가 싱싱하면 거기다 뭘 인위적으로 화장을 할 필요가 없다는 논리이다. 그리스 음식이 건강식으로 유명한 것이 바로 이것 때문이기도 하다. 원래 식재료에 양질의 올리브 오일, 레몬, 소금, 후추 그리고 천연 허브 몇 가지면 된다.

돼지고기 그릴 구이를 주문했다. 그리스 음식으로서 고기가 먹고 싶으면 꼬치구이인 수블라키나 스테이크를 주문하면 된다. 그런데 크레타 섬에 이어서 이 식당에도 수블라키 말고 Grilled Pork가 있기에 주문을 했다. 역시 크레타에서처럼 튀김 감자와 레몬 조각이 나왔다. 심플하다.

이 식당의 명성과 손님들의 모습을 볼 때 이것보다는 음식에 맛을 좀 더 낼 거라고 생각했다. 맛은 기름이 빠져서 담백

했다. 그리스 사람들의 레몬 사랑은 대단하다. 다른 소스는 일체 없다. 이걸 보면 우리나라가 고기를 먹을 때 함께 먹는 소스가 대단히 화려하다는 생각이 든다. 외국인들이 아마도 깜짝 놀랄 것이다.

마늘 소스를 따로 주문해보았다. 이 소스는 생선튀김과 함께 먹으면 좋다. 대부분의 그리스 식당에는

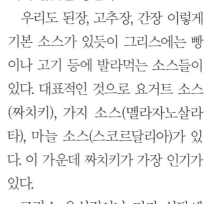

마늘 소스가 있는데 만드는 방식이 다양하다. 이번 여행에서 마늘 소스를 여러 군데에서 먹어보았는데 이 식당이 최고다. 신맛과 마늘향이 적당해서 입맛을 당긴다.

우리도 된장, 고추장, 간장 이렇게 기본 소스가 있듯이 그리스에는 빵이나 고기 등에 발라먹는 소스들이 있다. 대표적인 것으로 요거트 소스(짜치키), 가지 소스(멜라자노살라타), 마늘 소스(스코르달리아)가 있다. 이 가운데 짜치키가 가장 인기가 있다.

그리스 음식점이나 터키 식당에서 인상적인 것은 빵이다. 맛있고 신선한 빵을 자리에 앉자마자 푸짐하게 서비스한다. 보통 마늘 소스인 '스코르달리아'를 빵에 발라 먹는다.

'짜지키'

　말이 나온 김에 그리스 음식에서 기본이 되는 '짜지키'에 대해 이야기를 해야겠다. 우리는 식물성인 콩으로 된장을, 그리스인들은 우유나 양젖 등 동물성 단백질로 요거트를 만든다. 결과물은 다르지만 둘 다 발효식품이다. 한 마디로 '짜지키'는 그리스의 된장인 셈이다. 된장처럼 다용도로 쓰인다. 빵도 찍어먹고, 고기 소스로도 그만이다.

　그리스 음식에서 요거트는 아주 중요한 식재료이다. 요거트는 언제 어떻게 그리스 음식에 들어왔을까? 많은 이야기들이 있는데 중앙아시아 지역

유목민들이 많이 사는 지역에서 원시적인 요거트 제조가 시작되었고 여러 경로를 통해 그리스에 유입이 되었다.

유목민들은 이동할 때 비상식량이자 음료수로 말 젖을 가죽주머니에 넣어 따뜻한 배 바로 밑에다 매달고 다녔다. 요거트 만들 때 최적 온도가 37도인데 말의 체온이 37.5이다. 그야말로 찹쌀 궁합이다. 말 타고 다니다가 말 젖이 연두부처럼 걸쭉하게 변했다.

최초에는 암소나 낙타의 젖이 아닌 말 젖으로 요거트를 만들었다. 그 이유가 그럴 듯하다. 소는 중앙아시아의 혹독한 추위를 견디기 어렵고 낙타는 3년 간격으로 새끼를 1마리만 낳으니 많은 양의 젖을 비축하기에는 비경제적 동물이어서 자연스레 말 젖을 선호하게 되었다.

이렇게 우연히 만들어진 요거트는 인도, 페르시아를 거쳐 우랄산맥 주

변의 터키 유목민들에게 전해졌고 이들이 당시 발칸반도에 살던 불가리아, 슬라브족들에게 요거트 제조법을 알려주고 다시 그리스로 전파되었다고 한다. 이에 대한 학설은 많다. 어떤 사람들은 중앙아시아가 아니라 터키가 원조라고 주장한다. '요거트' 또는 '요구르트'라는 단어가 '응고하거나 진해지다.'라는 뜻의 터키어 '요우르트'에서 유래되었기 때문이다.

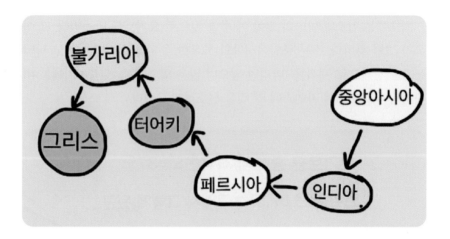

그럼, 복잡한 이야기는 그만하고 그리스 된장인 '짜지키'를 만들어 보기로 한다. 한 번 알아 두면 평생 사랑하는 사람들을 위해 만들어줄 수 있다. 이 가운데 '딜'은 냉장고 안에 없을 것이다. 안 넣어도 대세에 지장은 없다. 없으면 생략한다.

<짜지키 재료>
- 플레인 요거트 2컵
- 마늘 3쪽-아주 잘게 썬다.
- 오이 1개(껍질을 벗겨서 잘게 썬 다음 베 보자기에 싸서 꾹 눌러

물을 뺀다.)

- 엑스트라버진 올리브 오일 2 큰 술
- 소금 후추 약간
- 레몬 2분의 1개 즙
- 딜 가루 약간(없으면 생략한다)

<만드는 방법>

적당한 크기의 그릇에 요거트를 붓고 나머지 재료들을 섞는다. 그리고 살살 휘저어주면 짜지키 소스 완성! 무지하게 쉽다. 그리고 맵게 드시려면 청양고추를 갈아서 살짝 섞어볼 수도 있다.

살살 저으세요-

식사를 마치니 밖은 벌써 어둡다. 소화도 시킬 겸 신타그마역까지 걷기로 했다. 신타그마역에 오니까 음악소리가 요란하다. 주변 광장에 있는 무대에는 한 여가수가 신나게 노래하고 춤을 춘다. 무대 앞에 사람들이 몰려

환호하고 있다.

그녀의 공연을 그들 속에 끼어 구경했다. 힘 있는 목소리로 쉬지 않고 흔들고 뛰고 노래한다. 대단한 체력이다. 보는 내내 흥겨워 정신없이 시간을 보낸 것 같다. 갑자기 M이 나보고 등에 메고 있는 가방의 지퍼가 반쯤 열려 있다고 한다. 그렇게 말하는 M의 가방도 열려 있다. 소매치기들이 가방에 손을 댄 것이다. 손을 넣었지만 땀내 나는 수건과 물병뿐이니 허탈했을 것이다. M도 다행히 아무 일 없다고 한다.

이 주변은 우리나라 경동시장이나
남대문시장 분위기와 아주 비슷하다.
사람냄새가 풀풀 난다.

21. 사람냄새가 물씬 나다

여기가 남대문시장?

아침은 그릭커피와 전날 편의점에서 구입한 빵으로 해결했다. 오늘은 아테네 중앙시장에서 주방에 필요한 물건이나 식자재 등을 사려고 한다. 그곳에 간 김에 근처에 있는 그리스 식 도가니탕 집에도 들를 것이다.

지하철을 타고 옴모니아역에 내렸다. 이 주변은 우리나라 경동시장이나 남대문시장 분위기와 아주 비슷하다. 사람냄새가 풀풀 난다. 촘촘하게 붙은 가게는 물론이고 길가에 온갖 물건들을 내놓고 파는데, 남대문처럼 군복이나 군화 등 군인 관련 물건에서부터 자질구레한 생활 잡화, 각종 허브 등 식재료들까지 그 어떤 전시회보다 흥미진진하다. 보통의 아테네 시민들이 무엇을 필요로 하는지 또 어떤 삶을 꾸려 나가는지 상상할 수 있다. 솔직히 말하면, 나는 파르테논 신전보다 이곳 시장통과 사람들의 표정이 더 흥미롭고 호기심을 일으킨다.

사람들이 카페에서 편안하고 한가롭게 커피를 즐기고 있다. 이들의 모습을 보니 커다란 항공기용 짐 가방을 끌고 바쁘게 움직이는 내가 우습다. 이카리아 산속 음식점 사장님의 말씀이 생각이 난다.

"여기선 바쁘면 죄를 짓는 거요. 시계를 버리세요."

그리스인들의 여유 있는 삶을 귀로 듣고 이해까지는 했는데 실천하기는 정말 힘들 것 같다. 서울에 돌아가서도 시계를 버릴 만큼 '느린 삶'을 살아갈 수 있을까? 거대한 도시의 째깍거리는 삶의 패턴이 그것을 가능하게 해줄지 모르겠다. 중요한 것은 주어진 환경보다 개인의 의지나 선택일 것이다.

선물용 물건을 사려는 M에게 그리스에 왔으면 '칼라마타' 같이 품질 좋은 올리브가 좋다고 말해주었다. 나는 올리브와 향기가 살아 있는 허브들

그리고 그릭커피를 사려고 한다. 이것들은 선물용이 아니라 식당에서 사용할 것이다. 먼저 허브 파는 곳으로 가서 그릭 샐러드 용으로 '오레가노'를, 소스 용으로 딜과 민트를 샀다. 다른 허브들은 서울에서도 구할 수 있다. 여기서 산 허브들도 한국에서 구매할 수는 있지만 그리스 산 향을 따라갈 수 없다.

다음에 올리브 파는 곳을 둘러보았다. 올리브, 포도 잎, 고추 절임 등을 파는 곳이 아테네 중앙시장 건너편에 몰려 있다. 두 군데에서 올리브 크기, 맛, 가격을 비교한 다음 한 집을 결정했다. 맛도 맛이지만 사장님의 적극적인 마케팅도 유효했다. 어쩌면 그분 따님의 '모나리자' 같은 미소가 더 작용했을지도 모른다.

이 집에서 우리 세 사람이 모두 올리브를 샀고 나는 포도 잎 절임까지 샀다. 잔뜩 사니까 사장님이 큼직한 그리스 소시지를 덤으로 주었다. 이날 저녁에는 못 먹고 그 다음날 아침에 빵과 함께 구워 먹었다. 짭짤하면서도 고소한 맛이 빵과 잘 어울렸다.

올리브 가게 주변에는 각종 채소와 과일 가게들이 몇 집 있었다. 우리나라의 청과물 시장의 규모와는 비교가 안 되지만 맛있고 싱싱하고 싸다. 포도를 포함해 과일 두서너 가지를 샀다. 우리 돈으로 1만 원도 안 되게 샀는데 3일 이상 아침마다 먹고도 남았다.

그리스식 도가니탕 '빠샤'에 중독되다

시장을 다니다 보니 배가 출출해졌다. 그리스 도가니탕 집으로 향했다. 그 식당은 허브 가게 길 건너 아테네 중앙시장 안에 있어서 가깝다. 짐으로 무거워진 트렁크를 끌고 중앙시장 안으로 들어갔다. 길 좌우로 고기들이 갈쿠리에 걸려 있다. 주로 양고기가 많다. 피 묻은 흰 가운을 입은 상인들이 고기를 자르고, 썰고, 때론 가공해서 판매를 한다. 이곳은 예전이나 지금이나 늘 사람이 북적인다.

도가니탕 집에 들어왔다, 단골집에 온 것처럼 마음이 편안하다. 오늘은 도가니탕, 내장탕 그리고 생선탕을 각각 따로 시켰다. 그리스에서는 내장탕을 '빠샤'라고 한다. 주로 술 먹고 속 풀려고 먹기 시작했지만 진한 고기 스프로서 누구나 즐길 수 있는 음식이다. 우리는 탕국에 밥을 말아 먹는데 그리스인들은 밥 대신 빵을 국물에 푹 적셔서 먹는다. 그렇게 먹는 빵도 맛있다.

이곳의 도가니탕은 우리보다 고기 양이 엄청 많다. 우리는 국물 위주로

밥을 말아 먹으니까 고기 양이 적고 그리스에서는 고기 위주로 먹기 때문이다. 그리고 특이한 점은 식탁마다 고춧가루와 마늘 삭힌 식초병이 놓여 있다는 점이다. 그것을 빠샤에 뿌려서 얼큰하고 새콤하게 먹는다.

빠샤 파는 집은 아테네와 하냐에서 각각 한 집씩 발견했다. 시내에서는 이 빠샤를 파는 곳을 보지 못했다. 아무래도 젊은 사람보다는 나이 든 사람들이 찾는 음식인가 보다. 재래시장 안에서 파는 걸 보면 안다. 그리고 우리 말고도 중국인들이 몇 명 보인다. 중국인 입맛에도 잘 맞는 것 같다.

그리스 식 도가니탕을 먹는 M과 J의 동공이 흔들린다. 맛이 너무 좋다고 한다. 나보고 한국에 가서 이거 메뉴에 넣으라고 야단이다. 이거 하면 국내 도가니탕집이 흔들린단다. 아래 첫 번째 탕은 내장탕이다. 내가 고춧가루를 듬뿍 넣었다. 그리스 사람들이 이것을 보고 놀란다.

'으메, 무서운 민족들! 저렇게 맵게 먹다니…'

다음은 그리스 식 생선탕이다. 동태가 아니라 대구를 넣고 탕 국물을 냈다. 국물이 시원하고 담백하다. 올리브 오일이 들어갔고 레몬 즙을 넣어서 새콤하다. 이 레몬이 생선 비린내를 잡아준다. 그리스 식 생선탕을 '카카비스'라고 한다. 그리스 여행 때마다 즐겨 먹는 메뉴인데 변함없이 맛있다.

마지막으로 도가니탕이다. 도가니가 그릇에 그득하다. 이것만 먹어도 배가 부르다. 뚝배기에 담겨 있기만 하면 영락없는 우리나라 도가니탕이다.

　맛있게 식사를 한 후 시장 골목을 걷다보니 어느 가게 앞에서 주홍빛 상의를 입은 여인이 수불라키를 굽고 있다. 즉석에서 소스를 발라가며 구워서일까? 고기가 익을 때 소스를 머금은 연기 냄새가 거리에 진동한다. 식탁에서 얌전하게 앉아 기다렸다가 먹는 음식이 아니다. 여러 가지 메뉴를 하는 규모가 큰 식당보다 이렇게 메뉴 하나에 집중하는 작은 가게가 더 맛이 있을 수 있다. 돼지고기 수불라키를 맛보니 식재료의 신선함과 쫄깃한 식감이 입안을 즐겁게 한다. 그녀의 맛깔스런 설명이 맛을 더욱 특별하게 했다.

이번에는 그리스 식 냄비를 사려고 길 건너 그릇가게로 향했다. 그리스 식 냄비도 우리나라 알루미늄 냄비와 비슷한데 좀 더 납작하고 손잡이가 크다. '사가나키'라고 부르는데 이 냄비로 요리한 음식 이름에 '사가나키'가 붙는다.

이 '사가나키'라는 이름이 들어간 메뉴 가운데 제일 유명한 것이 '치즈 사가나키'이다. 짭짤한 치즈를 두부 부침처럼 두껍게 썰어서 올리브 오일을 두르고 냄비에 구운 것이다. 에피타이저로 주로 먹는다. 이 '치즈 사가나키' 서빙을 할 때 '우조'라는 그리스 전통주를 살짝 뿌리고 불을 붙인다. 그러면 이 냄비 위로 불길이 솟고 손님들은 "오빠!"라고 소리를 치며 환호한다. 여기서 "오빠!"라는 것은 "와우!"라는 그리스 감탄사이다.

그리스 전통 냄비인 '사가나키'와
주방기구 몇 가지를 구입하고 시장을 더 둘러보았다.
시장 구경은 늘 재밌다.

그리스 전통 냄비인 '사가나키'와 주방기구 몇 가지를 구입하고 시장을
더 둘러보았다. 시장 구경은 늘 재밌다.

한국에서도 아내와 가끔 전통 오일장에 가는데 그곳에 가면 모든 것이
살아 숨 쉰다. 오가는 사람, 싱싱한 먹거리, 크고 작은 다양한 물건들, 심지
어 추억까지도 살아 숨 쉰다.

짐이 많아서 일단 숙소로 돌아왔다. 오늘의 숙제를 마친 듯싶어 마음이
후련하다. 아직 저녁식사까지는 시간이 제법 남았기에 과일을 안주로 맥주
를 한 캔씩 마셨다. 오늘 저녁에 어디로 갈 것인지와 내일 델피에 가는 것
을 의논하였다. 아까 오전에 구입한 과일은 맛이 기막히게 좋다.

아크로폴리스의 밤풍경을 바라보며

저녁은 아크로폴리스의 밤풍경을 바라보며 식사할 수 있는 식당으로 가기로 했다. 내일 모레면 떠나는 기분도 있고 여행객과 아테네 시민으로 북적거리는 동네를 다시 가보고 싶었다. 모나스티라키(Monastiraki) 광장 옆에 있는 식당으로 향했다. 역시 사람들이 많이 다닌다. 이 근처에 규모가

엄청나게 큰 벼룩시장이 있어서 더더욱 그럴 것이다.

식당 입구에는 체격이 건장하고 미소가 시원한 청년이 '기로스' 고기를 썰고 있다. 그리스 식으로 부르자면 '기로스'인데 이 집은 창업자가 터키 출신인지 '케밥'이라고 메뉴판에 적혀 있다. '케밥'은 터키 말이다. 아랍어로 '구운 고기'라는 카밥(kabap)에서 온 것이다.

"기로스 고기"라고 했는데 기로스(Gyros)는 그리스 말로 '회전하다.'라는 말이다. 얇게 저민 고기를 양념해서 차곡차곡 쌓고 그것을 회전시키면서 익힌다. 그리고 그걸 기다란 칼로 잘라 피타 빵에 말아 먹는다. 여행자가 해외에서 그리스 식당에 가면 가장 많이 접할 수 있는 음식이 바로 기로스이다. 그리스 이민자들이 해외에서 가장 흔하게 하는 식당이 바로 기로스 전문점이다.

우리는 3층으로 올라갔다. 1층은 간단하게 샌드위치 같은 기로스나 다른 간단한 음식을 먹는 곳이다. 2층은 영업을 안 했고 3층에서는 환한 조명으로 반짝이는 아크로폴리스의 조망을 즐길 수 있다. 3층은 이미 손님들로 북적거렸다. 간신히 자리를 잡고 메뉴를 골랐다.

주문한 음식이 나오기 시작한다. 이 음식은 전통적인 그리스 음식이라고 볼 수는 없다. 지금까지 다녔던 식당에서 못 보았던 메뉴여서 주문을 한 것이다. 작은 햄 조각들 위에 요거트와 파프리카를 뿌린 음식이 나왔다. 햄의 짭짤한 맛과 요거트의 상큼한 맛이 어울려 맥주 안주로는 먹을 만했다.

시금치와 기로스 고기와의 만남에 스위트 소스를 올렸다.

상상하기 어려운 조합이었지만 의외로 괜찮다.

무사카는 나도 그릭조이에서 만드니까 그동안 식당들을 다니면서

주문을 하지 않았다. 오늘은 이 맛집의 무사카가 어떤 수준인지 궁금했다. 치즈가 많아서 호불호가 갈리겠다. 맛은 좋았다.

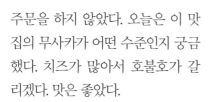

이곳은 인기 있는 식당이다. 아테네의 대표적인 관광지역의 음식점답게
누구나 먹어도 맛있게 음식을 만든다. 그러나 그리스음식의 정수가 빠진
듯하다. 관광객들이나 젊은 사람들 입맛에는 어필할 수 있지만 단맛이 튀
고 약간 기름져서 느끼하기까지 하다. 식재료를 살린 신선하고 담백한 맛

이 핵심인 그리스 정통 음식과는 확실히 거리가 있다.

    식사를 마치고 배도 부르고 해서 시내를 천천히 걸었다. 아크로폴리스
가 멀리 보인다. 사람들이 아직도 광장에 모여 있다. 혼자가 두렵다는 듯이.

22. 박수칠 때 떠나라

거대한 점집에 가다

오늘은 델피로 향한다. 아무리 음식을 위한 여행이라도 그리스에 와서 '델피'를 다녀오지 않으면 '밥'만 아는 답답한 요리사라는 말을 들을 것 같다. 아침 일찍 숙소를 나와 버스를 타고 시외버스터미널로 갔다. 아침 겸 점심을 해결하기 위해 터미널 주변 베이커리에서 빵을 샀다.

베이커리에는 그리스 여신이 강림해 일을 하고 있다. 고대 그리스인들의 조각이 왜 그렇게 발달했는지 이제 답이 나왔다. 그리스 여인들의 빼어난 미모 때문이다. 이 아름다움을 대리석에 그대로 옮기는 연습을 수없이 반복한 결과 그런 조각예술이 발달한 게 아닐까? 사랑의 여신 비너스상이 그 좋은 증거가 될 것이다.

델피까지 시외버스로 달려간다. 버스에 승객은 많지 않다. 무심하게 창밖을 내다보았다. 그리스는 우리나라처럼 산이 참 많다. 국토의 80%가 산지와 구릉이라고 하는데 이제 보니 실감이 난다. 차창 밖으로 보이는 산은 전체가 올리브나무로 덮여 있다. 거대한 올리브 숲이다.

조그만 촌락들을 수없이 스쳐 간다. 쇠약해 보이는 노인의 모습이 보이다가 사라진다. 자기 집 앞 벤치에 힘없이 앉아 지나가는 차들과 차창의 낯선 얼굴들을 내내 바라보는 게 그의 일상이리라. 버스는 계속 달렸지만 창

밖은 비슷비슷한 산 풍경의 연속이다. 잠깐 스쳤던 노인의 모습이 머릿속에 잔상으로 남아 맴돈다.

드디어 델피에 도착했다. 우리 말고도 단체 관광객들이 많다. 버스에서 내려 10분 정도 걸으면 델피 입구가 나온다. 입장권을 사느라 길게 줄을 선다. 박물관을 먼저 구경하고 그 다음에 델피 유적지를 둘러보게 된다. 단체 관광객들이 모여서 유적에 대한 설명을 듣고 서 있다. 주로 영어나 독일어로 말하는 것을 보면 독일에서 온 관광객이 많은 것 같다. 박물관에서 한국어는 듣지 못했다.

빠른 걸음으로 박물관을 돌고 나와 델피 유적지를 둘러보기 시작했다. 거대한 신전이다. 델피 유적지에서 한국어로 유적을 설명하는 그룹을 발견했다. 한국에서 온 관광객을 상대로 여행 가이드가 설명을 한다. 귀에 쏙쏙 들어오고 재밌다. 먼 옛날 이곳 델피에 와서 신점을 받는 과정을 설

명한다.

첫째, 여사제가 환각 상태에서 무슨 말이든 떠든다. 이는 환각물질의 연기를 마신 결과다. 둘째, 남자 사제는 옆에서 그 황당한 말을 해석하고 설명을 해준다. 이렇게 두 단계로 신점이 진행된다고 한다.

여기서 핵심 포인트는 신점을 받으려는 고객이 어떤 말을 듣고 싶은지 정확히 알아내는 거다. 그것은 한 마디로 고객이 무엇이 두려워 이곳 델피까지 왔는지를 즉석에서 파악하는 일이다. 남사제의 업무 가운데 이게 가장 큰 일이다. 고대뿐 아니라 현대의 많은 '점집'들도 사업의 요체는 이것일 것이다.

남사제는 고객이 원하는 말을 들려주고 그 반응을 보며 했던 말을 즉석에서 수정할 줄도 알아야 했을 것이다. 그는 상상력이 풍부한 이야기꾼이다. 델피의 신탁은 이렇게 두려움과 상상력이 만들어내는 최고의 희극이 아닐까?

신점을 보러 온 사람도 이런 방식이 엉터리임을 눈치 챌지 모르지만 '델피'라는 메가 브랜드를 감히 거역할 수는 없었을 것이다. 이런 메가 브랜드는 사람에게 믿음을 주고 두려움을 덜어 주었을 것이다. 델피는 사람들의 두려움을 먹이로 하는 거대한 점집이다.

델피 박물관에서부터 전체 유적지를 한 바퀴 도는 데 세 시간 가까이 걸렸다. 문득 시장기를 느끼며 빈 터에 앉았다. 오래 걸었나 보다. 아침에 터미널 주변 빵집에서 사온 빵과 그제 아테네 중앙시장에서 샀던 과일을 점심으로 먹었다.

나는 두렵습니다

아테네로 돌아오는 버스를 타고는 정신없이 잠에 곯아떨어졌다. 아테네에 도착했다. 내일이면 그리스를 떠난다. 아쉬움도 많지만 한국에 어서 가고 싶다. 오늘 저녁은 어디서 먹을까 곰곰이 생각해 보았다. 그리스에 올 때마다 들러서 먹었던 유명한 수블라키 집에 가려고 한다. 역사가 아주 깊은 아테네의 대표적인 맛집이다. 불현듯 요르고스 생각이 났다. 오늘 저녁 식사를 함께 하자고 했는데 요르고스도 아마 이 집을 잘 알고 있을 거다. 연락이 오면 이리로 오라고 하면 된다. 편하게 생각했다.

아테네에 내려서 신타그마역에 가려고 지하철을 탔다. 그런데 J의 뒤로 이상한 남자 둘이 접근하고 앞에 한 명이 또 얼쩡거린다. 나는 순간 그들이 소매치기 일당임을 알아차렸다. 그 순간 J도 그들을 의식하고 인상을 쓰면서 뒤돌아보았다. 그들은 다음 역에서 아무 일 없다는 듯이 내렸다.

신타그마역에 내려서 아크로폴리스 방향으로 천천히 걸었다. 여행자들과 아테네 시민들로 북적이는 생기 넘치는 길이다. 얼마 후 수블라키 맛집에 도착해서 실내가 아닌 야외 정원에 자리를 잡았다. 손님들도 대부분 야외 식당에 있다. 그리스에 올 때마다 들렀던 이 식당은 언제 리모델링을 했는지 예전 모습은 완전히 사라지고 없다. 그 당시에 자리가 없어 줄을 서던 손님들도 함께 사라졌다.

메뉴를 골랐다. 음식을 주문하고 이 식당의 내부로 들어가 보았다. 1층에는 주방이 있고 테이블이 마련되어 있는데 손님은 없다. 2층에는 이 식당의 창업자 사진들과 1960~80년대 한참 전성기 시절 유명인들이 와서 창업자와 함께 했던 사진들이 가득하다. 하지만 2층에도 손님이 한 명도 없어서 박물관처럼 조용할 뿐 을씨년스럽다.

후배들이 있는 자리로 돌아왔다. 맥주와 와인이 벌써 테이블에 놓여 있다. 그들과 여행을 잘 마치게 된 것을 축하하며 건배를 했다. 3주간의 짧지 않은 기간 동안 세 명이 모두 아무 탈 없이 지낸 점은 분명 감사해야 할 일이다.

양고기가 먼저 나왔다. 구운 양고기와 레몬 맛이 나는 감자 (Roasted Lamb with Lemon Potatoes)이다. 구웠다기보다는 삶은 듯하다. 양고기는 굉장히 연해서 입 안에서 살살 녹는다. 양고기 특유의 누린내는 레몬즙이 잡아주었다. 감자는 레몬즙 때문에 상큼하고 약간 짭짤하다.

다음에 돼지고기 기로스(Pork Gyros)가 나왔다. 기로스는 보통 피타빵에 동그랗게 싸서 take-out 용으로 샌드위치처럼 만들기도 하고 이렇

게 접시에 펼쳐 나오기도 한다. 이 식당에서도 1층에서는 동그랗게 말아서 판다.

아래 하얀 색 소스는 짜치키(tzatziki)라고 하는데 우리 된장처럼 생각하면 된다. 된장을 찌개, 야채 쌈, 고기나 생선 먹을 때 등 전천후로 써먹듯이 이 요거트 소스도 다양하게 사용된다. 기로스의 돼지고기를 이 소스에 찍어 먹는다.

느끼한 고기 맛을 요거트의 새콤하면서 고소한 맛이 잡아주고 그 안에 들어 있는 마늘과 허브들이 약간 매콤한 맛을 더해준다. 발효식품이라 중독성이 있다. 짜치키는 그리스인들의 국민 소스이다. 새

콤하고 짭짤한 맛에 딜과 민트 그리고 심지어 마늘 향도 난다.

그때 우리 앞에 악사 두 사람이 연주를 하며 노래하기 시작한다. 그리스 식당에서는 손님들이 식사를 할 때 악사들이 연주하고 노래를 하는 것이 전통이다. 이러한 전통은 100여 년 전에 그리스에 슬라브계 집시들이 들어와 살면서 시작되었다. 이들은 향수를 달래기 위해 주기적으로 식당을 빌려 식사도 하고 음악도 함께 했다.

오늘밤 출연한 악사들은 50~60대 사내들이었다. 여기서 몇 곡하고 또 다른 곳에서 연주하며 식당을 전전할 것이다. 그리스 노래와 흘러간 팝송들을 부른다. 우리에게 익숙한 '에 레스 뚜'를 기타를 치며 열창한다. 또 다른 한 사람은 그리스 전통 현악기인 부주키를 연주한다.

　이들이 마지막 곡으로 <그리스인 조르바>의 영화 주제곡을 연주한
다. 이 영화는 1964년 안소니 퀸이 주연을 맡은 흑백 영화로 국내에서도
몇 번이나 TV에서 방송을 해서 그때마다 본 기억이 난다. 악사가 '부주키
(Bouzouki)'를 연주하기 시작한다. 구슬픈 가락이 이어진다. 그러다 템포
가 빨라지며 신나는 연주가 전개된다.

　음악이 신나면서도 애잔하다. 연주가 현란할수록 슬픔이 점점 고조된
다. 악사의 열정적인 몸놀림이 클라이맥스로 치닫고 순식간에 연주가 끝
난다. 손님들이 박수를 칠 때 악사들은 주섬주섬 악기를 챙기고 떠날 준비
를 한다.

　어느 영화 제목처럼 악사들이 박수칠 때 떠난다. 분위기가 소란스럽다.
이때 요르고스한테 전화가 왔다.

　"조르바, 어딥니까? 저는 모나스티라키(Monastiraki) 광장에 혼자 와 있

어요.”

“요르고스, 여기서 아주 가까운 곳에 있네요. 거기서 5분도 안 걸리는 곳에 있어요. 수블라키 집으로 오시죠. 기다리겠습니다.”

잠시 후 요르고스가 어떤 여인과 함께 우리 쪽으로 온다. 아까 통화할 때는 ‘혼자’라고 했다. 동행인이 있다는 말은 한 마디도 없었다. 왜 그랬을까? 통화 당시에는 자기 혼자 오려고 했는데 통화 후 생각이 달라진 거다.

“친구들, 그리스에서 잘 지내고 가는 거죠? 내 옆에 계신 이 분은 내 업무상 중요한 파트너 ‘나나’입니다. 묻지도 않고 동행을 해서 실례가 되었다면 용서해 주세요.”

요르고스가 ‘너무’ 거창하게 사과를 한다. 나나는 나이를 가늠하기가 힘들다. 적으면 40대 초반, 많으면 50대 중반으로 보인다. 비즈니스 상 중요한 업무를 할 사람으로 보이진 않는다.

“요르고스, 괜찮아요. 시장하실 텐데 나나 씨도 드시지요. 우리 모두 건배합시다!”

내가 조금 어색한 분위기를 맥주로 풀려고 했다.

“요르고스, 덕분에 여행 잘했습니다. 그동안 염려해줘서 고마웠어요.”

“천만의 말씀. 조르바, 그런데 저희는 벌써 술도 한 잔 하고 뭘 좀 먹었답니다. 식사는 됐습니다. 그런데, 이카리아에서 장수음식 레시피는 배워 가는 겁니까?”

내가 이카리아 산중 음식점 사장한테 들은 이야기를 하자 자기도 그럴 거라고 생각했다며 웃는다. 뭘 아는 듯이 웃는다.

“조르바, 묻고 싶은 게 있습니다. 지난번 비행기에서 당신에게 두렵지 않으냐고 물었는데 답을 안 하셨지요?”

요르고스의 그 질문에 내가 그냥 웃기만 했던 기억이 났다.

“그렇게 묻는 요르고스는 어떠신지요, 두렵습니까?”

"저는 두렵지 않습니다. 크레타인은 본래 그렇지요. 니코스 카잔차키스가 그랬던 것처럼 말이죠."

툭 건드리자마자 총알이 튀어나오는 자동소총 같은 대답이다. 진정성이 부족하다.

"요르고스, 나한테 그걸 왜 자꾸 물으시나요? 망자는 두려워할 게 없지만 살아있는 사람은 심장에서 피가 콸콸 흐르는데 어째 원하는 게 없고, 두렵지 않겠습니까? 공동묘지 속 망자들처럼 하루 종일 누워만 있다면 모르겠지만요. 제가 크레타 섬 어느 공동묘지를 지나면서 그 망자들의 합창소리를 들었답니다. 심한 바람소리를 잘못 들은 것인지도 모르죠. 기억나는 대로 말해보겠습니다.

나는 바라는 게 없어

나는 두려운 건 없어

나는 자유야. 그런데 심심해.

나는 심심한 자유는 싫어.

나는 재미가 필요해

나는 재미를 위해서는 두려움도 좋아."

"하하하. 조르바, 재밌네요. 저의 먼 친척인 니코스 카잔차키스가 들었어도 미소를 지었을 겁니다. 그럼, 당신은 두렵다는 건가요, 아니면 저처럼 두렵지 않다는 건가요?"

그놈의 '먼 친척'이란 표현을 또 듣는다.

"두렵기도 하고 안 그렇기도 하구요. 요르고스, 여자 친구도 오셨는데 이런 것 말고 재밌는 이야기나 합시다. 우린 내일 떠난다고요."

여자 동업자라고 소개했는데 '여자 친구'라고 말실수를 했다. 사람은 믿는 대로 말하게 된다.

요르고스와 그와 동행한 여인 나나, J과 M 그리고 나는 그곳에서 한 시간 정도 더 자리를 함께 하면서 그리스 음식, 그동안 다녔던 섬 등을 이야기했다. 우조도 750ml짜리로 두 병이나 더 했다.

나나가 입을 가리며 하품을 한다. 우리가 헤어질 시간이다. 요르고스에게 이제 숙소로 가야겠다고 하며 그가 그토록 듣고 싶었던 '두려움'에 대한 내 이야기를 해주었다.

나는 바라는 것이 아직 많다.

나는 두렵다.

나는 자유인이 아니다.

나는 두려움이 너무 많아서 '자유가 별로 없는 사람'이라는 말도 해주었다. 그는 내 말에 안도하는 듯 미소를 지었다. 그가 왜 그런 웃음을 지었는지는 모른다. 요르고스는 술이 좀 취해 횡설수설한다. 화장실에 간다고 나나와 함께 자리를 뜨더니 돌아오지 않았다. 요르고스는 자유인이다.

나의, 아니 우리 들의 여행 이야기도 여기서 마쳐야겠다. 독자들이 아쉬워하면서 "벌써?"라고 할 때 그쳐야 한다. 박수칠 때 떠나야 한다. 오늘 숙소에 들어가서 짐 싸고 내일 아침이면 한국행 비행기를 탄다. 그동안 이야기를 들어준 독자들께 감사한다.